· 中国科学院院士领衔编写 ·

身边生动的植物

匡廷云◎主编

吉林科学技术出版社

前　言

　　地球上千奇百怪的植物始终伴随着人类的发展历程，人类生活习惯的演变离不开植物世界。路边的小草、庭院里的盆花、餐桌上的蔬果、园子里的果树，它们发生过什么有趣的事？兰花有多少种？含羞草为什么能预报天气？如何迅速区分玫瑰与月季？三叶草只有三片叶子吗？无花果会开花吗？莲花的姐妹是谁？麦冬的哪个部分可供药用？人类与植物世界存在着怎样的联系？植物之间是如何相互依存、相互影响的？

　　本书为孩子展现了生活中最常见植物的独特之处，不仅能够培养孩子的观察、思考能力，还能够丰富他们的想象力，提高他们的创造力，是一本值得小读者阅读的科普读物。

　　同时感谢吉林科学技术出版社提供了高品质的科普平台，让更多的小读者能读到这本书，了解更多的科学知识，欣赏更美的绘画作品。

中国科学院院士
中国著名植物学家

目录 | CONTENTS

木本植物

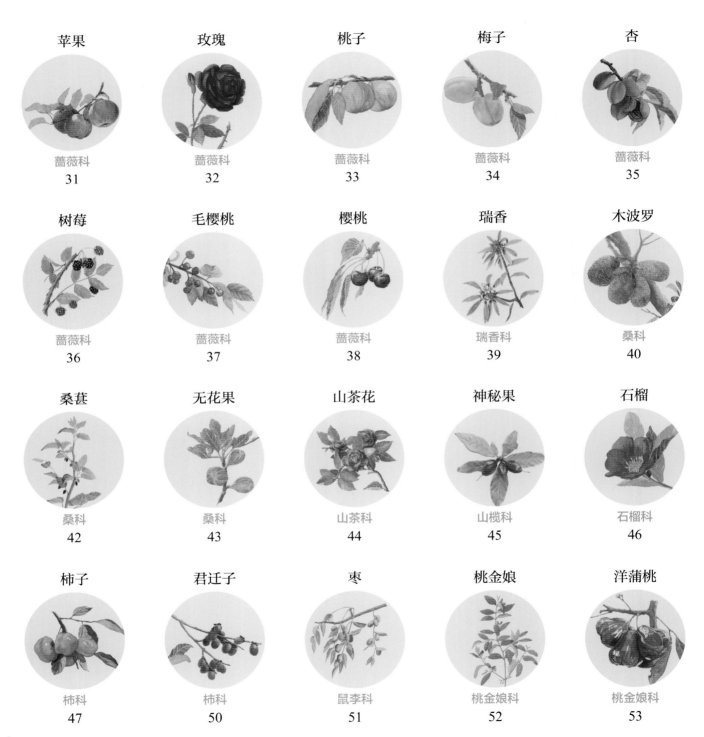

苹果	玫瑰	桃子	梅子	杏
蔷薇科	蔷薇科	蔷薇科	蔷薇科	蔷薇科
31	32	33	34	35

树莓	毛樱桃	樱桃	瑞香	木波罗
蔷薇科	蔷薇科	蔷薇科	瑞香科	桑科
36	37	38	39	40

桑葚	无花果	山茶花	神秘果	石榴
桑科	桑科	山茶科	山榄科	石榴科
42	43	44	45	46

柿子	君迁子	枣	桃金娘	洋蒲桃
柿科	柿科	鼠李科	桃金娘科	桃金娘科
47	50	51	52	53

火龙果

仙人掌科
54

橘子

芸香科
55

柚

芸香科
56

叶子花

紫茉莉科
57

草本植物

百合花

百合科
60

葱

百合科
61

蒜

百合科
62

凤尾丝兰

百合科
63

麦冬

百合科
64

郁金香

百合科
65

车前

车前科
68

一串红

唇形科
69

夏枯草

唇形科
70

蓖麻

大戟科
71

地中海大戟

大戟科
72

百脉根

豆科
73

扁豆

豆科
74

菜豆

豆科
75

豆薯

豆科
76

驴食草

豆科
77

四棱豆

豆科
80

豌豆

豆科
81

褐毛野扁豆

豆科
82

玉米

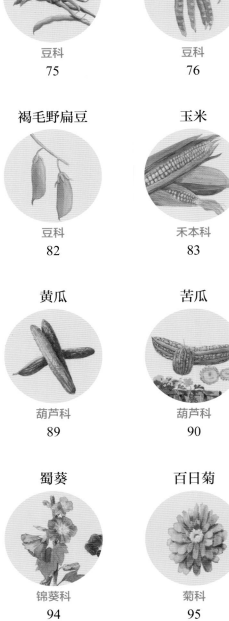

禾本科
83

冬瓜

葫芦科
84

佛手瓜

葫芦科
85

葫芦

葫芦科
88

黄瓜

葫芦科
89

苦瓜

葫芦科
90

南瓜

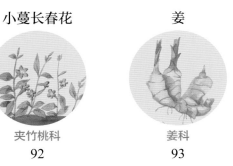

葫芦科
91

小蔓长春花

夹竹桃科
92

姜

姜科
93

蜀葵

锦葵科
94

百日菊

菊科
95

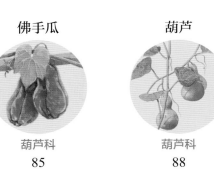

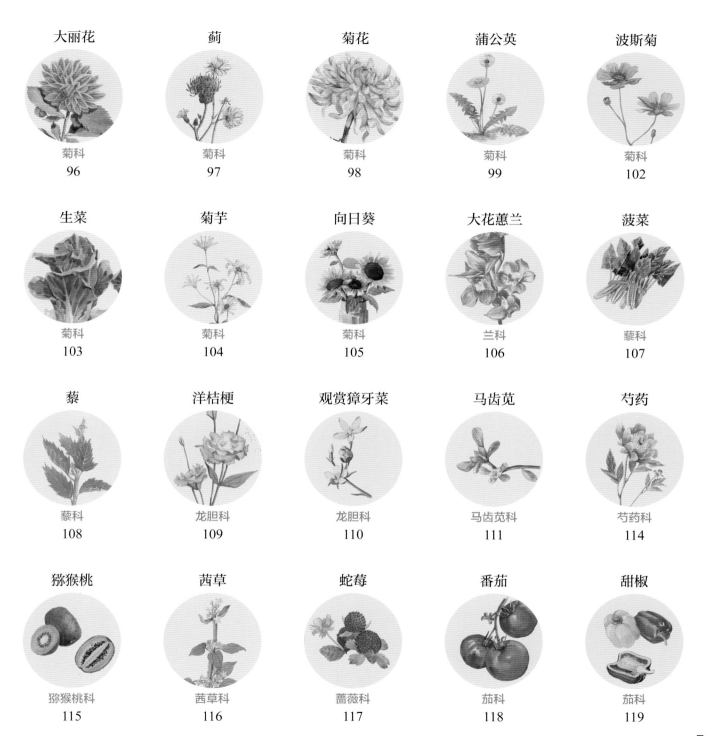

大丽花
菊科
96

蓟
菊科
97

菊花
菊科
98

蒲公英
菊科
99

波斯菊
菊科
102

生菜
菊科
103

菊芋
菊科
104

向日葵
菊科
105

大花蕙兰
兰科
106

菠菜
藜科
107

藜
藜科
108

洋桔梗
龙胆科
109

观赏獐牙菜
龙胆科
110

马齿苋
马齿苋科
111

芍药
芍药科
114

猕猴桃
猕猴桃科
115

茜草
茜草科
116

蛇莓
蔷薇科
117

番茄
茄科
118

甜椒
茄科
119

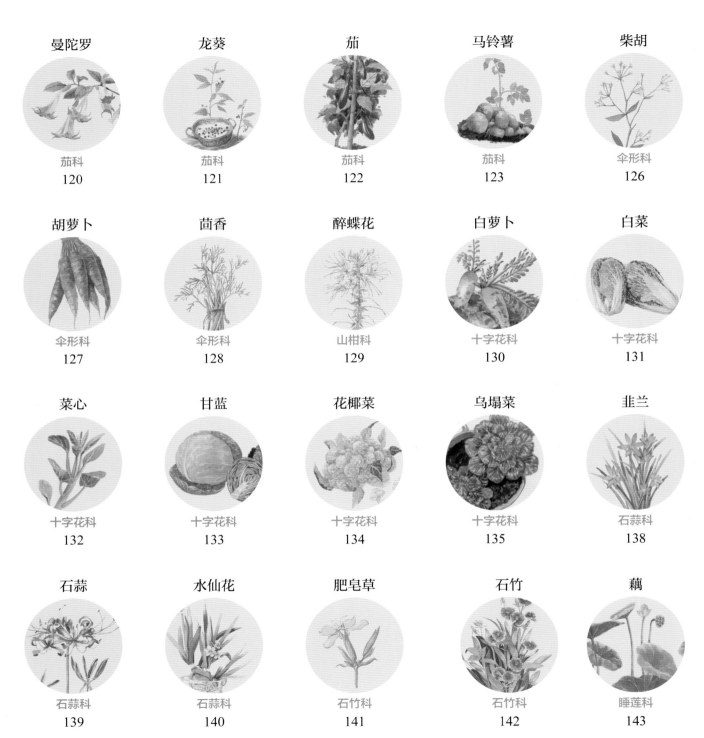

曼陀罗	龙葵	茄	马铃薯	柴胡
茄科	茄科	茄科	茄科	伞形科
120	121	122	123	126

胡萝卜	茴香	醉蝶花	白萝卜	白菜
伞形科	伞形科	山柑科	十字花科	十字花科
127	128	129	130	131

菜心	甘蓝	花椰菜	乌塌菜	韭兰
十字花科	十字花科	十字花科	十字花科	石蒜科
132	133	134	135	138

石蒜	水仙花	肥皂草	石竹	藕
石蒜科	石蒜科	石竹科	石竹科	睡莲科
139	140	141	142	143

贯叶金丝桃

藤黄科

144

芋头

天南星科

145

百香果

西番莲科

146

鸡冠花

苋科

147

番薯

旋花科

150

圆叶牵牛

旋花科

151

虞美人

罂粟科

152

延胡索

罂粟科

153

附地菜

紫草科

154

琉璃苣

紫草科

155

牛舌草

紫草科

156

紫茉莉

紫茉莉科

157

木本植物

核 桃

【胡桃科】

别称： 胡桃、羌桃
分类： 胡桃属
花期： 5月

核桃树每年5月开花，6月开始结果，到了盛夏时节，青色的核桃便挂满了树枝。核桃在秋季成熟，可以存放很长时间。核桃包裹在一层青色的外果皮和中果皮内，当核桃成熟的时候，外果皮会开裂，核桃会掉落到地上。核桃还有一层坚硬的壳（即内果皮），把这层壳去掉，就露出了皱巴巴的核桃仁（种子）。

核桃的外形如同一颗微型大脑，核桃仁有很多褶皱，与大脑皮层相似。

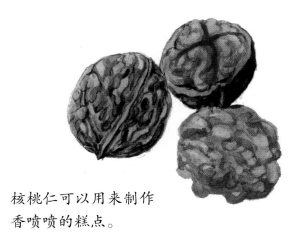

核桃仁可以用来制作香喷喷的糕点。

木半夏

【胡颓子科】

别称： 四月子、羊奶子、半春子
分类： 胡颓子属
成熟时节： 6 ~ 7 月

木半夏有野生的，也有人工培育的，培育的品种一般种植在院子或公园里，具有一定的装饰作用。

初夏时节，木半夏已由原来的青色变成红色，成熟了。将木半夏从树上采下并清洗后，除了内部的果核，其他部位均可以食用。入口时，口味香甜，回味微酸，略带涩味。

早春开花，气味清香。花朵最开始为白色，逐渐变成淡黄色，然后凋谢。

木半夏的花朵盛开时，可以将其采下，经过清洗、晒干制成花茶，还可以用来泡酒。

蔓长春花

【夹竹桃科】

别称: 金盏草、四时春、日日新
分类: 蔓长春花属
花期: 3 ~ 5月

蔓长春花一般生长在温暖、湿润的半阴地区。植株为常绿蔓生亚灌木,丛生。营养茎偃卧或平卧地面。叶片对生,椭圆形,先端急尖,富有光泽。花朵单生于开花枝叶腋内,花朵为蓝紫色。叶缘、叶柄、花萼及花冠喉部有细毛,其他部位无毛。结蓇果,种子无毛。

花茎直立,叶子呈卵形、圆形或长矛形,叶面有光泽。

花开在茎的顶端,稍微向外倾斜,5片花瓣,花中心有白色的洞眼。

蔓长春花花期长,可作观赏植物,全株具有毒性。

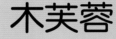

木芙蓉

【锦葵科】

别称：拒霜花
分类：木槿属
花期：8 ~ 10 月

木芙蓉，因花朵形似荷花而得名。木芙蓉的叶子宽大，为心形；花朵单生，在枝端的叶腋间，初开时为白色或淡红色，逐渐变成深红色；结扁球形的蒴果，种子形似肾脏。木芙蓉花晚秋才开始绽放，不畏冰霜和严寒，所以又称"拒霜花"。它的用途较广，树皮纤维可以搓绳、织布，根、花、叶均可供药用。

茎部结实，内部纤维柔韧而且耐水性强，可以作为麻类的代用品，也可用于造纸。

叶缘呈锯齿状，先端尖细，表面有星状的细毛和小点。

板 栗

【壳斗科】

别称：栗、毛栗
分类：栗属
成熟时节：9 ~ 10 月

板栗俗称"栗子"，包裹在栗球里。栗球为总苞，绿色，全身长满了刺，长在树枝上。待栗子彻底成熟时，栗球会自动裂开，也有一些是整个栗球都掉下来。采摘的人需要戴上皮手套，用钳子等工具才能将栗子从栗球里取出来。栗子为坚果，可生食，爽脆可口，煮熟或烤着食用，味道也很香甜。

栗球表面布满硬刺，非常锐利。如果不小心，极容易扎伤手指。

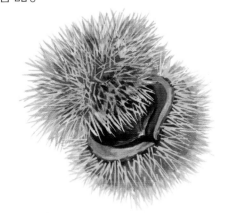

栗子花朵表面有毛，香味浓郁，花蜜的含量也很高。雄花较为独特，又细又长且为白色，远远看去类似白色的羽毛。

将栗子的硬壳样果皮去掉，栗子果肉外面还有一层毛茸茸的硬膜，把这层膜也去掉，就露出黄色的栗肉了。炒栗子味道香甜，所以，人们更偏爱炒食。不过，炒之前需要在栗子的硬壳上划开一个小口，以免炒时栗子炸开。

米仔兰适合生长于温暖、湿润、阳光充足的环境，原产于亚洲南部，中国、越南、印度、泰国、马来西亚等国均有种植。米仔兰花含有丰富的挥发油，可从中提取，用作调配香水、香皂或化妆品等的香料。米仔兰的花朵较小，排列密集，多为黄色，具有浓郁的香气。

米仔兰
【楝科】

别称： 米兰、珍珠兰
分类： 米仔兰属
花期： 7 ~ 8 月

米仔兰的浆果呈红色，近乎为球形。

米仔兰的植株比较高大，可达7米，且枝叶繁茂，绿意盎然，常被用作盆栽风景树，用来装扮门厅、会场、庭院等。

龙吐珠

【马鞭草科】

别称：白萼赫桐
分类：大青属
花期：3 ～ 5 月

龙吐珠因花形如"游龙吐珠"而得名，花朵非常美观。花序如收拢的伞，白色的花萼呈卵状三角形，花瓣中雄蕊很长，露出花冠，就像白色的花萼吐出鲜红色的花蕊。花朵具有解毒的功效，对慢性中耳炎有一定的治疗效果。常见的栽培品种有红萼龙吐珠，花萼呈粉红色。

枝条较为柔弱而且下垂，叶子的质地类似于纸张。花朵长在枝端或枝上部叶腋。

白色花瓣中的雄蕊突出在花冠之外，非常美观。

牡丹花色泽艳丽，华贵唯美，素有"花中之王"的美誉。中国的牡丹品种非常丰富，遍布各个省市。牡丹花茎可高达2米，花朵较大，直径为10～17厘米。花瓣为层叠的重瓣，花瓣厚且花香浓郁，深受人们喜爱。

牡 丹
【毛茛科】

别称：富贵花、洛阳花、百雨金、木芍药
分类：芍药属
花期：5 月

当花蕾变得饱满硬实时，牡丹花开始绽放。待所有花瓣舒展开并完全开放后，花朵逐渐枯萎，果实开始缓慢生长，直到变为黄色，果实就成熟了。

牡丹花在中国象征着"富贵、繁荣兴旺"，所以人们常培育牡丹，用来装扮花坛、门庭等。

桂花

【木犀科】

别称： 岩桂、木犀
分类： 木犀属
花期： 9～10月

桂花树是一种常绿灌木或小乔木，通常为3～5米高，最高可达18米。枝干较为粗壮，树皮呈灰褐色，小枝为黄褐色且无毛，叶子属革质，较硬，呈椭圆形、长椭圆形或椭圆状披针形。花朵簇生在叶腋，形成了聚伞花序，远远看去像扫帚。桂花有浓郁香气，每到花期，在距离很远的地方就能闻到，所以，才会有"桂花十里飘香"的说法。

桂花的叶子较大，长为7～14.5厘米，宽为2.6～4.5厘米；花朵较小，呈黄白色、淡黄色、黄色或橘红色，在绿叶的映衬下，显得格外典雅秀丽。

桂花可用来制作桂花糕，美味可口，深受人们喜爱。

爬山虎

【葡萄科】

别称： 巴山虎、红丝草、爬墙虎
分类： 地锦属
花期： 6 月

爬山虎与野葡萄藤很相像，藤茎长达18米；枝条较为粗壮，枝上长有卷须，卷须的顶端和尖端皆有黏性吸盘，使它能吸附在岩石、墙壁或树木等的表面。花朵很小，成簇生长，多为黄绿色，隐藏在绿色的叶子中并不明显。

爬山虎一般生长在阴湿的环境中，由于生命力极强，枝叶生长迅速，常被用来装饰庭院或围墙。

葡 萄

【葡萄科】

别称： 草龙珠、蒲陶、山葫芦
分类： 葡萄属
成熟时节： 8 ~ 11 月

葡萄是世界上最古老的果树品种之一，种植历史悠久。它是一种藤蔓植物，可以攀附在棚架上生长。4~5月开花，待花凋谢，就长出青色的葡萄粒来。葡萄成熟时，果皮会变为紫色，颗粒饱满。葡萄是世界上产量最高的水果之一，可以直接食用，还可以用来酿造葡萄酒或制成果汁、罐头等。

葡萄常用来酿造葡萄酒，即红酒。

将吃不完的葡萄晒干，就成了葡萄干。用包装袋包好，可以储存很长时间，也不易变质。

山葡萄

【葡萄科】

别称： 木龙、烟黑
分类： 葡萄属
成熟时节： 7～9月

山葡萄可以用来酿酒或酿果醋，味道酸甜可口。

山葡萄的外形、味道都与葡萄非常相似，只是它的体积偏小，籽也更多。山葡萄成熟后果皮由青色变为紫色。秋霜之后采摘的山葡萄，味道更香甜，很受孩子们欢迎。现在，人们也在果园里大量种植山葡萄。

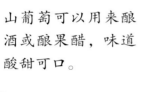

山葡萄是一种藤本植物，攀缘在其他树木上不断延伸生长。

梨

【蔷薇科】

别称：快果、蜜父
分类：梨属
成熟时节：9 ~ 11 月

梨是人们经常食用的一种水果。果肉清甜可口，汁多香脆，有润喉作用。梨的品种繁多，有长得像葫芦一样的西洋梨，有状似鸭头的鸭梨，还有冬季常见的雪花梨等。梨非常高产，通常一根树枝上挂满了梨子，会把树枝压弯。

梨花在春季盛开，花期在迎春花、杜鹃花和樱花之后。花朵大且白，在小叶的映衬下，甚是美观。

将去核的雪梨和冰糖一起慢炖而成的冰糖雪梨，口味香甜，非常爽口，有生津润燥、清热化痰的功效，可用来辅助治疗咳嗽。

李子和杏子一样，先开花后长叶。4月开花，花朵为白色，排列密集，将枝条覆盖得严严实实，很美观。

夏季，李子由青色逐渐变色，果肉酸甜可口。成熟的李子多汁、香甜，但果皮很酸，所以，人们常喜欢去掉李子的外皮再食用。李子的品种多，果肉有红色的，也有黄色的。李子的营养丰富，其中抗氧化剂的含量非常高。

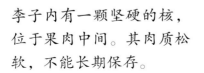

李子内有一颗坚硬的核，位于果肉中间。其肉质松软，不能长期保存。

把李子的果肉晒干制成果脯，味道酸甜，可以保存很长时间。

番木瓜

【番木瓜科】

别称：榠楂、木李、光皮木瓜
分类：番木瓜属
成熟时节：全年

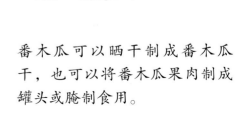

常绿软木质小乔木，高8~10米，具乳汁，茎不分枝。叶大，直径可达60厘米。浆果肉质，成熟时橙黄色或黄色，倒卵状长圆球形，长10~30厘米或更长，果肉柔软多汁，味香甜；种子多数，卵球形，成熟时黑色，外种皮肉质，内种皮木质，具皱纹。花果期全年。原产于热带美洲。我国南部等省区已广泛栽培。广植于世界热带和较温暖的亚热带地区。

番木瓜可以晒干制成番木瓜干，也可以将番木瓜果肉制成罐头或腌制食用。

将番木瓜的果肉挖出来，剩下的壳还可以用来做容器。

番木瓜呈长椭圆形，体积较大，长10~15厘米。将它切开，可以发现黄色的果肉里布满黑色的籽。

苹果是人们喜爱并经常食用的水果。初夏时，苹果的味道清甜中略带酸味。晚秋，苹果成熟，果皮颜色变成红色，果肉也更加香甜。苹果富含各种维生素及微量元素，带皮食用营养更加丰富。苹果的果皮含有大量膳食纤维，有助于消化。

苹 果
【蔷薇科】

别称： 平安果、智慧果、超凡子
分类： 苹果属
成熟时节： 7 ~ 11 月

苹果树在4~6月开花，未开放时，花苞带粉红色，开放后花朵为白色。

苹果的果汁含量较高，苹果汁经过发酵可以制成苹果醋，口味酸中带甜，非常爽口。

玫 瑰

【蔷薇科】

别称：赤蔷薇、刺玫花
分类：蔷薇属
花期：5～6月

玫瑰是英国的国花，也是中国吉林省吉林市的市花。玫瑰气味芳香，主要用于制作食品或提炼玫瑰精油。花朵生于叶腋，颜色多为红色、白色或蓝色，色泽鲜艳，花瓣内外重叠，非常美观。

玫瑰的茎较为粗壮，小枝多且带刺，叶子呈椭圆形，带边刺。

苞片呈卵形并长有茸毛，花梗、萼片上也长有茸毛。

红色玫瑰花象征着美好的爱情，常用来赠送心爱的人。

桃 子

【蔷薇科】

别称： 佛桃、水蜜桃
分类： 桃属
成熟时节： 8～9月

桃子原产于中国，品种丰富，有白桃、黄桃、油桃等。夏季桃子成熟，肉质变得松软，汁液量大，有特殊的香气，香甜可口。桃子食用前一定要清洗干净，因为它的表皮上长有短茸毛。桃子味道香甜，但一次不要食用太多，否则容易引起腹胀。

将桃花洗净，放入容器中，加入白酒酿成香醇的桃花酒，适量饮用，具有美容养颜的功效。

桃树春季开花，桃花盛开的时候，成片成片的粉红色常常引人驻足观赏。

桃子极易腐烂，为了保存得更久，可以将其制成罐头。

梅子

【蔷薇科】

别称： 青梅、酸梅
分类： 杏属
成熟时节： 5～8月

梅子表皮多毛，成熟时变为黄色。熟透的梅子又酸又涩，因此，梅子通常在还未熟透前就已经被采摘了。人们更偏爱用未成熟的梅子酿酒或腌制果酱。梅子经常被作为食材，优点是保存时间较长。

梅子在早春开花，称为梅花。梅花为粉红色，鲜艳夺目，香气浓郁，具有较高的观赏价值。

梅子可以用来酿酒，酸中带甜，非常可口。

将梅子洗净，加入糖，会有果汁渗出。这种汁液可以用来泡茶，因此叫作"梅子茶"。夏季饮用梅子茶，可以预防中暑。

杏的果肉、核仁均可食用。杏未成熟时为青色，青杏非常酸，成熟后，杏变为黄色，口感酸甜。此时，果肉也变得很柔软，不及时采摘就会掉落到地上，有的甚至裂开，露出里面的杏核。

杏

【蔷薇科】

别称：甜梅、杏果
分类：杏属
成熟时节：6～7月

杏树先开花后长叶。春季开花，花朵为淡红色或白色，花谢的时候，花瓣缓缓飘落，非常美观。

杏仁可以磨成粉末熬粥，味道清香可口。杏仁还可入药。

杏的果肉可以晒干制成杏干；将杏核坚硬的外壳砸碎，就可以取出杏仁，杏仁也是一种营养丰富的干果。

树莓

【蔷薇科】

别称：悬钩子、森林草莓、覆盆子
分类：悬钩子属
成熟时节：6 ~ 7 月

树莓味道酸甜，可以连籽一起食用。从初夏开始，果皮由青色逐渐变红，直到熟透变成黑色。采摘成熟的树莓时，不能让树干晃动较大，否则树莓会大量掉落。树莓的枝蔓上长有尖刺，采摘时，要避免被刺伤。树莓可以用来酿酒，也可制成果汁。树莓的品种有很多，其中绿叶悬钩子是成熟得最早的一种树莓。

牛叠肚是最为常见的树莓品种，生长在田埂上。

茅莓的颗粒比其他品种的树莓更大一些。

蛇莓不属于树莓，但外表与树莓非常相似。

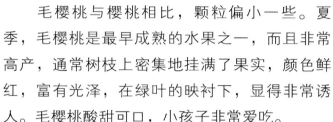

毛樱桃

【蔷薇科】

别称： 绒毛樱、山豆子、山樱桃
分类： 樱属
成熟时节： 5 ~ 6 月

花朵盛开并授粉后，就会慢慢凋谢，长出小小的绿色果实。果实不断长大，变得饱满，由青色变为红色，最后成熟。毛樱桃常用来装饰蛋糕或做摆盘。

毛樱桃与樱桃相比，颗粒偏小一些。夏季，毛樱桃是最早成熟的水果之一，而且非常高产，通常树枝上密集地挂满了果实，颜色鲜红，富有光泽，在绿叶的映衬下，显得非常诱人。毛樱桃酸甜可口，小孩子非常爱吃。

毛樱桃在3 ~ 4月开花，花朵为粉红色或白色，一般有5片花瓣，形成倒卵形，花形精致美观。

樱 桃

【蔷薇科】

别称：车厘子、莺桃、荆桃
分类：樱属
成熟时节：5 ~ 6 月

　　樱桃成熟后，果皮变得鲜亮，颜色红如玛瑙。樱桃的直径为0.9 ~ 1.3厘米，大小适合直接入口。樱桃的味道甜美，微酸，营养丰富，其中铁元素的含量很高，对于缺铁性贫血的人有补铁功效。不过，樱桃不宜多食。

樱桃多汁，可以榨取果汁，制成樱桃味的饮料。

樱桃可以腌制，酸甜可口，很美味。

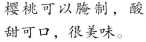

将樱桃制成罐头，可以存放较长时间。

瑞 香

【瑞香科】

别称： 蓬莱紫、睡香、风流树
分类： 瑞香属
花期： 3 ~ 5 月

瑞香一般生长在温暖的环境里，不适合生长在过于炎热或寒冷的地方。瑞香花姿高雅，散发着沁人心脾的清香。瑞香颜色鲜艳，常被园艺爱好者培育并置于庭院中。花朵的花蕾呈心脏形，颜色多为白色或淡紫红色。瑞香有很多品种，其中最出名的是金边瑞香。这种瑞香的叶子边缘呈金黄色，花为淡紫色，香气浓郁，是"世界园艺三宝"之一。

瑞香枝干粗壮，近似圆柱形，略带紫色；叶子较厚，类似纸质，呈长圆形或倒卵状椭圆形，树冠为圆球形。

花蕾呈紫红色，开放后的花瓣内侧为白色，显得非常典雅。花朵簇生在枝端，看上去像"绣球花"。

木波罗俗称"波罗蜜"，是一种热带水果，味道甜美。果皮上长有很多六角形的瘤状突起。木波罗的花气味芳香宜人。每当成熟的时候，黄褐色的木波罗挂满树干。木波罗的树叶可供药用，具有消肿解毒的功效。

木波罗是世界上最重的水果之一，重5～20千克，直径通常为25～50厘米，长为30～100厘米。

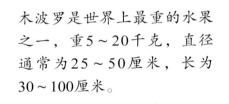

成熟的果肉肥厚，味道香甜，被称为"水果皇后"，果肉呈黄色，瓣状，每瓣内都有1颗较大、较坚硬的籽。

木波罗的树干硬度较高，木质金黄，可用来制作家具、木屑还可以用于制作黄色染料。

木波罗
【桑科】

别称： 波罗蜜、树波罗
分类： 波罗蜜属
成熟时节： 7 ~ 9 月

木波罗可以经过晒干等步骤制成波罗蜜干、蜜饯，味道甜蜜可口。

桑葚

【桑科】

别称: 桑果、桑枣、桑实、文武实
分类: 桑属
成熟时节: 4～6月

桑葚是桑树的果实，初熟时果皮从青色转为红色，熟透后为黑色，如墨汁一般，颜色黑亮。熟透的桑葚味道甜美，稍微带点儿酸味，有开胃的作用。桑葚的汁液较多，食用时会将嘴角和手指染成黑色，所以，食用时注意保持衣物清洁。余下的桑葚可以加工成果酱、果汁、蜜饯等，或用来酿酒。

桑叶是蚕的主要食物，人们常采桑叶来饲养蚕。

红色的桑葚已经很甜了，所以，很多小孩等不及，在桑葚还未熟透时，就会采来食用。

无花果并不是不开花的植物，当无花果树结出状似"树瘤"的果实时，细密的小花就开在"树瘤"这个膨大的肉质花托内壁上，人们以为这种植物不开花，因此称其为"无花果"。无花果"果实"圆滚滚的，未成熟时为青色，将要成熟时，无花果会迅速变大、变软。成熟的无花果味道香甜。

无花果

【桑科】

别称： 映日果、蜜果、文仙果、优昙钵
分类： 榕属
成熟时节： 5 ~ 7 月

切开无花果，会露出柔软的红色果肉，果肉晒干后会变得干瘪，颜色变成灰褐色。

用无花果的果肉制作的酥饼，味道浓厚、甘甜。

无花果的果肉晒干后可用来泡茶，也可以搭配面包和糕点食用。

山茶花

【山茶科】

别称: 耐冬、山椿

分类: 山茶属

花期: 10月~翌年3月

山茶树一般生长在半阴凉的环境中,花期一般在1~4月,花朵大,为鲜艳的大红色。山茶花花姿优美,花朵艳丽,不仅可以净化空气,还可以用作装饰,所以,常常用来布置庭院或厅堂。山茶花有很高的药用价值,有止血、凉血、调胃、理气、散瘀、消肿等功效。

山茶花的枝条呈黄褐色;叶子为亮绿色,呈卵圆形或椭圆形,边缘呈锯齿状,互生于枝条上。

山茶花的茎较短,花瓣有5~7片,花朵的直径为5~6厘米。花蕊呈金黄色,点缀着大红色的花瓣,非常美观。

神秘果是一种常绿灌木，树形为尖塔形。果实成熟后为鲜艳的红色，果肉不甜还带点酸涩，但含有一种特殊的糖蛋白，具有几小时内转换味觉的功能，是一种天然助食剂。一般来说，在食用神秘果后的2小时内，继续食用其他酸性水果，会感觉不到酸味，而是甜的。神秘果素有很强的增甜作用。

神秘果

【山榄科】

别称： 变味果、奇迹果
分类： 神秘果属
成熟时节： 3 ~ 10 月

神秘果可以当作雪糕添加剂，为雪糕的口感增添几分独特的风味。

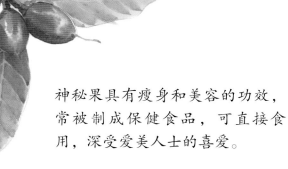

神秘果具有瘦身和美容的功效，常被制成保健食品，可直接食用，深受爱美人士的喜爱。

神秘果可提取出具有转换味觉的特殊的增甜素，制成助食剂，用来满足糖尿病患者对甜味的需求。

石榴

【石榴科】

别称：安石榴、山力叶、丹若
分类：石榴属
成熟时节：9 ~ 10 月

石榴树的枝叶精致，花色鲜艳绚丽，开花后树上会结满红色的果实。石榴的果皮很厚，成熟后自动裂开，露出颗粒饱满的石榴籽。石榴籽是石榴的食用部分是肉质的外种皮，晶莹透亮，富含汁水，酸甜可口。石榴成熟的时候，需要干燥的环境，若遇上多雨的天气，石榴会变得淡而无味。

花朵为火红色，鲜艳夺目，花瓣直立，在绿叶的掩映下非常美观。

完成授粉的花朵会结出小石榴，石榴不断长大，果皮逐渐变厚，成熟时，变成红色，还会开裂。

人们喜欢在自家院子里种上一两棵柿子树。待三四年后，柿子树上会结出柿子。秋季，成熟了的柿子表皮由绿色变成了黄色，涩味消失，变得像蜂蜜一样甜。不过，空腹时尽量不要吃柿子，容易引起恶心、呕吐。

柿 子

【柿科】

别称： 红嘟嘟、朱果、红柿
分类： 柿属
成熟时节： 9 ~ 10 月

柿子很美味，采摘柿子却需要很高的技术。爬上树采摘柿子时，要注意安全，因为看似粗壮的柿子树枝干极易发生断裂。

将柿子去皮晒干，就制成了柿饼。柿饼味道香甜，有嚼劲，是孩子们喜食的甜品。

君迁子

【柿科】

别称：黑枣、软枣、野柿子、丁香枣

分类：柿属

成熟时节：8~9月

君迁子与柿子类似，但体积小了很多，果径约2厘米。君迁子未成熟时表皮为青色，成熟后先变为淡黄色，后逐渐变为蓝黑色。在冬季经过霜冻后，褶皱增多，涩味消失而且变甜。尽管如此，很多人还是喜欢在君迁子还带有涩味时将其采摘下来，放到容器内浸泡，结冰后再融化，变得浓稠后饮用，美味至极。

君迁子的叶子较长，一般为5~13厘米，表面的脉络很清晰，青翠欲滴。叶子还可供药用，价值高于柿子树的叶子。

冬季经过霜冻，君迁子表面皱褶增多。

君迁子也可以做成柿饼。但君迁子果肉少，籽多，大概70颗君迁子的果肉与1颗柿子的果肉相等。

枣

【鼠李科】

别称：大枣、刺枣、贯枣
分类：枣属
成熟时节：8～9月

枣树在5～7月开花，待花朵凋谢，便结出枣。未成熟的枣为青色，清脆香甜。等到秋季，枣熟透后，表皮变成了红色，糖分增加。枣除了直接食用，还可以作为食品加工业的原料，每年中国都大量出口枣及系列加工制品。

将枣洗净晒干，表皮褶皱增多，可以存放很长时间，而且味道会变得更甜美。

枣可以用来制成蜜饯、果脯，还可以制成枣泥食用。

桃金娘

【桃金娘科】

别称：当梨根、稔子树、山稔
分类：桃金娘属
成熟时节：7～9月

桃金娘于4～5月开花，待花凋谢后，结出果实。桃金娘成熟时，表皮为紫黑色，内部的果肉为红色，鲜嫩多汁，甜美可口，可直接食用。果实可以加工制成果酱、蜜饯等，保存一段时间后再食用，还可以从果实中提取果汁或泡果酒饮用。

桃金娘树属于较为矮小的常绿灌木，高1～2米，幼枝较细，叶子为革质、对生。整株可供药用，具有活血通络、补虚止血等功效。

果实为卵状壶形，长1～1.5厘米，可整颗食用。

花朵为鲜艳的红色，花朵较大且密集，直径为2～4厘米，很美观，常被种植在庭院作装饰花卉。

洋蒲桃

【桃金娘科】

别称： 爪哇蒲桃、莲雾
分类： 蒲桃属
成熟时节： 5～6月

洋蒲桃是肉质浆果，形状包括梨形、钟形、短棒槌形等。果实颜色繁多，有乳白色、淡绿色、粉红色、鲜红色和暗紫红色等。果实成串聚生，形状类似成串的铃铛。果实表面光滑，覆有一层蜡质，果肉为白色，口感绵软，汁水丰沛，味道酸甜，还带点涩味，别有一番风味。

洋蒲桃在3～4月开花，花朵为白色，生在枝端或叶腋，每簇花由3～10朵小花集聚而成。

洋蒲桃更适应于生长在温暖的环境中，不耐寒。当果实成熟的时候，成串的红色或粉色点缀在绿叶之间，非常美观。

洋蒲桃可以制成果酱或果汁，味道可口。

火龙果

【仙人掌科】

别称： 青龙果、红龙果

分类： 量天尺属

成熟时节： 4 ~ 11 月

火龙果的果实形似红色火球，因此得名。火龙果为多年生肉质攀缘植物。其植株非常奇特，没有叶子，茎上只有叶腋所生成的小窗孔，孔内还长有小刺。火龙果呈长圆形，成熟时外皮为红色，去皮后可以直接食用，也可以做成沙拉等，味道清香可口。

火龙果的果肉有白色和红色两种，无论哪一种，内部都布满黑色的、形如芝麻的籽。

火龙果的花朵为白色，呈漏斗形。花朵非常大，花高30厘米，直径达11厘米，甚是美观。花朵可以熬汤，味道鲜美。

橘子原产于中国，具有数千年的培育历史。冬季成熟，虽然未成熟时就可以食用，但是味道过酸，口感略差。当橘子成熟后，表皮由青色变成黄色，酸味减少，甜味增加。食用橘子时，需要将橘子皮剥开。

橘 子
【芸香科】

别称： 柑橘
分类： 柑橘属
成熟时节： 9 ~ 11 月

橘子果肉多汁，可以制成罐头，保存很长时间后亦可食用。

将特定品种的橘子皮晒干，可供药用，这就是中药中的"陈皮"。

橘子树于5月开花，花朵为白色，有清新的香气。

柚

【芸香科】

别称： 文旦、香栾
分类： 柑橘属
成熟时节： 10月中旬～11月上旬

柚成熟后，果皮变为柠檬黄色，果肉酸甜多汁。柚皮切成丝，加入少许白糖或蜂蜜腌制，可制成柚茶。柚的香气浓郁，留存较久，放在房间里可以改善空气质量。整个柚都可供药用，对食积不化、慢性咳嗽等具有一定的治疗功效。

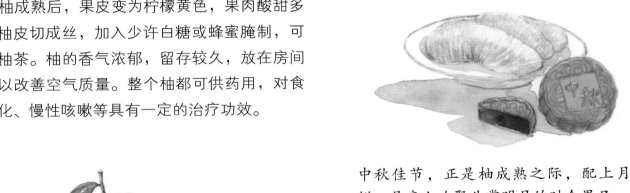

柚树于4～5月开花，花生于叶腋，一处只生一朵花或形成总状花序，花瓣为白色。

中秋佳节，正是柚成熟之际，配上月饼，是亲人欢聚共赏明月的时令果品。

柚树为常绿乔木，高5～10米。每当柚成熟的时候，柠檬黄色的柚点缀在绿叶之间，非常美观。

叶子花

【紫茉莉科】

别称： 光叶子花、三角梅、九重葛
分类： 叶子花属
花期： 11月~翌年6月

　　叶子花适合生长于阳光充足、温暖湿润的环境，属攀缘灌木。茎较为粗壮，叶子和枝条间长有直直的刺，即"腋生直刺"。叶子互生，类似纸质，呈卵形或卵状披针形。花朵长在枝条的顶部，通常3朵一簇，生于3枚呈叶状的苞片中，颜色非常鲜艳，多为紫红色。叶子花的花朵是中药材，具有止血、消肿的功效。

叶子花通常攀附在山石、院墙和廊柱上生长，是一种攀缘灌木。

叶子花的花朵比苞片小一些，附着在苞片上，花冠呈管状，颜色鲜艳。

草本植物

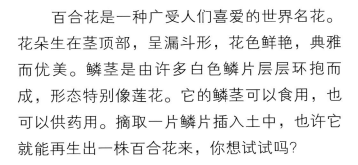

百合花

【百合科】

别称： 山丹、百合蒜、夜合花、倒仙
分类： 百合属
花期： 4 ~ 7 月

百合花是一种广受人们喜爱的世界名花。花朵生在茎顶部，呈漏斗形，花色鲜艳，典雅而优美。鳞茎是由许多白色鳞片层层环抱而成，形态特别像莲花。它的鳞茎可以食用，也可以供药用。摘取一片鳞片插入土中，也许它就能再生出一株百合花来，你想试试吗？

百合花的原品种大概有120种，其中山丹百合的花色为红色，非常鲜艳。

有一种百合花，花朵中间为淡红色，边缘为白色，花瓣向外反卷，花瓣上还有玫瑰花纹和斑点，犹如鹿身上的斑纹一般，又称"鹿子百合"。

葱与蒜一样，是人们烹饪时使用频繁的作料，做拌菜、汤等均要使用，具有去除膻味和腥味的作用。葱鳞茎呈棒状，仅比地上部分略粗。鳞茎外皮呈白色，由多层薄薄的鳞被包裹形成；叶子基生，为中空的圆筒状，较长，尾端细尖。叶子和茎均可食用。葱的种类有很多，不同品种的叶子和根部的粗细均有差别。

葱
【百合科】

别称：大葱、青葱、和事草
分类：葱属
高度：70 厘米

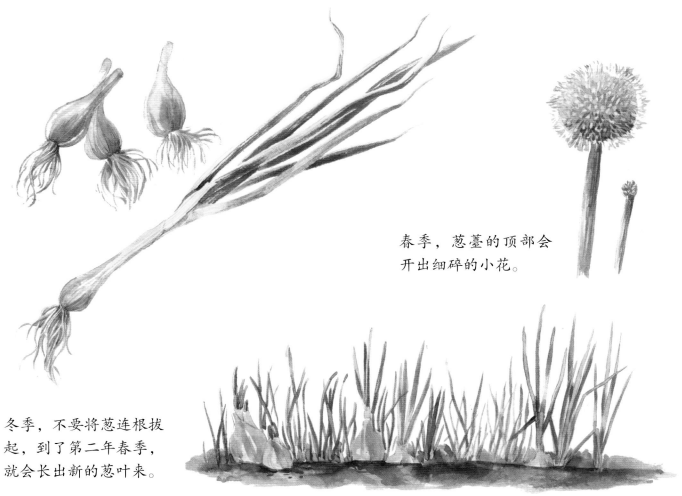

春季，葱薹的顶部会开出细碎的小花。

冬季，不要将葱连根拔起，到了第二年春季，就会长出新的葱叶来。

蒜

【百合科】

别称： 蒜头、独蒜、胡蒜
分类： 葱属
高度： 20～40 厘米

蒜呈扁球形或短圆锥形，内部有6～10个小鳞茎，即蒜瓣，围绕花茎轮生，是人们日常烹饪常用的作料之一。人们如果剥蒜剥多了，指尖会感觉火辣辣的，因为生蒜有较强的刺激性。大蒜烤熟后再食用，辣味大大减轻，蒜在肠道内能杀灭大量有害菌。大蒜含有挥发性的大蒜辣素，有健胃、止痢、止咳、杀菌和驱虫等作用。

把蒜晒干，放到阴凉处，保存一年后仍可以食用。

从大蒜中长出的花轴即蒜薹，有蒜的味道，可以食用。

大蒜由多个蒜瓣组成，将每瓣蒜的皮剥掉，才可以食用。

凤尾丝兰

【百合科】

别称： 菠萝花、厚叶丝兰
分类： 丝兰属
花期： 9 ～ 10 月

凤尾丝兰的花瓣为匙形，花蕊呈扁平状。白色花朵一簇簇下垂着，姿态优美。

凤尾丝兰的茎较短，整个植株为莲座状，即叶子在植株的基部簇生，内外重叠，呈螺旋状排列，这使它非常容易辨认。叶子坚厚，顶端有尖硬的刺。每当它开花的时候，白色的圆锥形花序下垂着，一簇簇的，远远看去就像一个巨大的花环，极为美观。

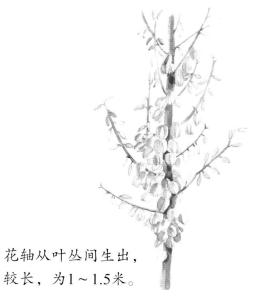

花轴从叶丛间生出，较长，为1～1.5米。

凤尾丝兰的叶子常年浓绿，对二氧化硫、氟化氢、氯气、氨气等有害气体具有很强的吸收能力。

麦冬

【百合科】

别称：麦门冬、寸冬、川麦冬
分类：沿阶草属
花期：5～8月

麦冬适合生长于温暖湿润、降水充沛的环境，大多数生长在海拔2000米以下的山坡阴湿处、林中或溪水旁。它的根中部膨大，呈椭圆形的小块根。小块根具有生津解渴、润肺止咳的功效，是常见的一味中药。

果实是蓝色的，呈球形。

麦冬的小块根还有降低血糖、提高免疫力的功效。

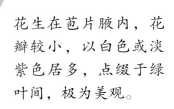

花生在苞片腋内，花瓣较小，以白色或淡紫色居多，点缀于绿叶间，极为美观。

郁金香

【百合科】

别称： 洋荷花、草麝香、荷兰花
分类： 郁金香属
花期： 3～5月

郁金香遍布世界各地，为土耳其、哈萨克斯坦、荷兰的国花。鳞茎为圆锥形，秋季栽种后，次年春季就会长出新苗。花朵生在花茎的顶端，一根花茎上只长一朵花。花形较大，为直立的杯状，颜色鲜艳，花形秀丽。由于郁金香有极好的除臭作用，所以，它也是各种香料的原料。

郁金香的花色繁多，其中比较常见的为白色、洋红色、鲜黄色、紫色、紫红色等。

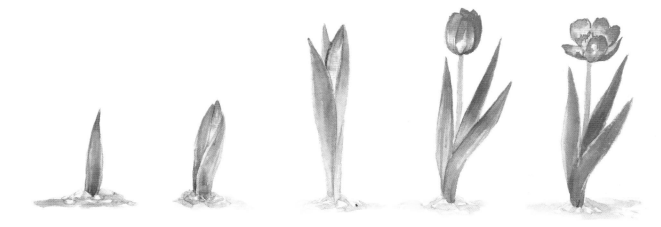

经过整个冬季的低温天气后，次年2月初前后，郁金香的新芽破土而出，不断生长形成茎叶。到3～5月，郁金香逐渐绽放。

车 前

【车前科】

别称： 车前草、车轮草

分类： 车前属

花期： 4～8月

车前，又称"命硬草"，它对生存环境要求很低，不惧严寒，也不畏干旱。车前的根茎粗短，叶子没有茎秆，直接从根部向四周展开，形似莲花座，叶片是椭圆形的，薄如纸片，但是叶柄内含有一种韧性极好的纤维质，能经受住踩踏和碾压。车前的花朵是穗状的，像细细的圆柱，花朵凋谢后，结椭圆形的蒴果。车前全身都是宝，嫩叶可以制成美食，成熟的车前叶和果实车前子可供药用。

车前的嫩叶口感爽滑，可以凉拌、炒制、做馅、做汤或煮粥。

车前的种子传播主要依靠雨水冲刷或依附在人们的鞋子上。

一串红

【唇形科】

别称：炮仗红、象牙红、西洋红
分类：鼠尾草属
花期：3 ~ 10 月

　　一串红因其花序修长且颜色鲜红而得名。秋高气爽时，正是一串红花叶繁茂的时候，它属于庭院及园林里较常见的品种。一串红整株可高达90厘米。花朵生得较为繁密，果实为椭圆形坚果，内部有黑色的种子。一串红还是中药材，有清热解毒的功效。

叶子呈卵圆形或三角状卵圆形，边缘有锯齿，两面均无毛。

一串红属于典型的红色品种，常常与浅黄色的美人蕉、浅蓝色或浅粉色的牡丹、翠菊等花卉搭配在一起布置花坛，非常美观。

夏枯草

【唇形科】

别称: 蜂窝草、麦穗夏枯草
分类: 夏枯草属
花期: 4 ~ 6 月

夏枯草一般生长于湿地、草丛、路旁，对生长环境的适应性很强，整个生长过程中很少发生病虫害。根茎在地面匍匐生长，节上有须根，表面有稀疏的毛；花朵里含有甜甜的汁液，可以吸食；花朵凋谢后，露出棕褐色的果穗，里面有像卵珠一样的小坚果；夏枯草有清火明目的功效，可用于治疗目赤肿痛、头痛等，是一味常用的中药材。

轮伞状花序密集组成穗状花序，形状像宝塔，淡紫色的花朵在两个苞片中由下向上开放。具有一定的观赏价值。

夏枯草在夏季会枯萎，通过种子和根茎繁殖。

夏枯草的花朵可与肉类炖汤，或与粳米一起煮粥，风味独特，营养丰富。

蓖 麻

【大戟科】

别称：大麻子、草麻
分类：蓖麻属
花期：5 ~ 8 月

蓖麻是一种小灌木，叶子像手掌，边缘有锯齿；圆锥状花序，花柱为深红色，下部生雄花，上部生雌花；果实是褐色的球形蒴果，表面包有软刺，成熟之后蒴果就会开裂，露出里面的蓖麻子。蓖麻子像一颗颗光滑的小石头，上面有黑、白或棕色的斑纹。蓖麻子有毒，不能食用，但可以提炼工业用油。蓖麻叶是重要的中药材。

蓖麻叶子像手掌，一片叶子有5 ~ 11裂，叶柄粗壮，网脉明显。叶可饲养蓖麻蚕。

广泛种植蓖麻是为了榨取蓖麻油，蓖麻油不可食用，它是助染剂、润滑油、油漆等的重要原材料。

果实成熟后会开裂，食用两粒以上的果食可引起人体中毒反应，严重可能致死。

地中海大戟

【大戟科】

分类：大戟属
花期：1 ～ 7 月
高度：80 厘米

地中海大戟一般生长在半阳的山坡上。植株呈圆形，表面被白色短柔毛。茎部高大且结实，砍断后会流出乳白色的汁液。它的种子富含油分，可制作润滑油和肥皂。另外，种子可入药，具有利尿、治疗恶疮的功效。

毛茸茸的蒴果呈黄色，为圆球形浆果，每个蒴果里有3粒种子。

花蕊内的褐色蜜腺能分泌花蜜，吸引蜜蜂来采蜜。

长矛形叶子密集丛生，呈圆锥状，植株有毒。

百脉根俗称"五叶草"，有5片叶子，伞状花序，且同一株能开出黄、橙两色的花朵。豆荚是果实，形状类似鸡爪。每个豆荚里有多粒种子，种子细小、光滑，形状类似肾脏。百脉根主要生长在土壤肥沃的区域，抗水流冲刷能力强，能防止水土流失。嫩叶可供药用，也是重要的绿肥作物。

百脉根

【豆科】

别称： 五叶草、牛角花
分类： 百脉根属
花期： 5 ~ 9月

茎叶柔软细嫩且多汁，口感好，是家畜喜食的草类之一。

百脉根由5片叶子组成，无明显叶脉。

荚果长且直，呈线状圆柱形，顶端尖细，种子成熟后荚果会裂开。

扁豆

【豆科】

别称：火镰扁豆、藤豆、鹊豆
分类：扁豆属
高度：茎长 600 厘米

扁豆是缠绕性藤本植物，在培育时需要搭架，不同地区播种及收获的时间各不相同。扁豆为荚果，营养成分相当丰富，富含蛋白质、维生素及膳食纤维，是亚洲各国人民夏季最常食用的蔬菜之一。扁豆花分红与白两种，嫩豆荚作为蔬菜是很美味的。

扁豆花是中药材，同时扁豆还有清热解毒的功效。

扁豆可用炒、炖、焖等多种烹饪方式，与蘑菇一起爆炒会有特殊香气。

扁豆苗稍大些后，就可以插杆搭架，这样有利于扁豆藤蔓的攀附，形成篱笆式的生长状态。

菜豆是人们经常食用的豆科植物，俗称"二季豆"或"四季豆"。嫩荚或种子可作为鲜蔬，也可腌渍、冷冻、干制或加工制成罐头。菜豆营养丰富，含有蛋白质、糖类、膳食纤维、钙、磷、钠等人体所需的营养成分，尤其是钙的含量非常高，是补钙佳品。

菜豆
【豆科】

别称： 芸豆、白肾豆、架豆、刀豆、扁豆、玉豆
分类： 菜豆属
花期： 春夏两季

菜豆的叶子呈绿色，互生，心脏形。

夏季，菜豆开花，花朵授粉凋谢后，结出绿色的豆荚。

菜豆是一年生缠绕或近直立草本植物。茎被短柔毛，老时无毛。

豆薯

【豆科】

别称： 沙葛、凉薯、番葛
分类： 豆薯属
花期： 8 月

豆薯富含淀粉，人们主要食用其块根。较大的圆锥形块根，肉质为白色，含糖类、蛋白质和维生素，可以凉拌、煮炖。值得注意的是，豆薯的种子及茎叶有毒。

豆薯的荚果呈扁平状带形，长7.5～13厘米，表面粗糙多细毛，每个荚内有8～10颗荚豆。

块根呈扁球形，脆嫩多汁，一般直径为20～30厘米。

驴食草花色艳丽，可与紫花苜蓿媲美。驴食草是优良的牧草和绿肥原料，因为适口性强，故有"牧草皇后"之称。在中国新疆天山和阿尔泰山北麓都有野生驴食草分布。驴食草主根粗壮，能延伸到土下3米，叶子呈细长椭圆形；果实扁平，果皮粗糙，表面凸起网状脉纹，边缘有锯齿，每个荚果内只有1粒种子。

驴食草

【豆科】

别称：驴豆、驴喜豆
分类：驴食草属
高度：40～80 厘米

小叶密集，多达14对，叶子背面的边缘有短茸毛。

荚果扁平、密集，背脊有短齿，果皮粗糙，内部只有1粒种子。

驴食草的花朵含蜜量大，是蜜源植物之一。

四棱豆

【豆科】

别称： 翼豆
分类： 四棱豆属
果期： 10 ~ 11 月

四棱豆的叶子是羽毛状复叶，所结的荚果呈四棱状，每个荚果里有8~17颗球形种子，种子的外皮颜色丰富，有白色、黄色、棕色、黑色等。四棱豆富含蛋白质、维生素、多种矿物质，营养价值极高，被称为"绿色的金子"，用途广泛，地下的根块可以做食材，茎叶可以做肥料，种子可以做豆奶，也可以榨油。

四棱豆全身都是宝，花、嫩叶和嫩荚都可以食用，茎可以做饲料，种子可以做豆腐、榨油等。

开花后10天左右摘收的嫩荚可以食用，过期后豆荚变硬，难以咀嚼。

花萼绿色，外层花瓣稍向内弯，花朵外部是淡绿色，内部是淡蓝色。

豌 豆
【豆科】

别称： 麦豌豆、寒豆
分类： 豌豆属
高度： 50 ~ 200 厘米

　　豌豆是世界四大豆类作物之一，藤本植物，需要搭架来辅助生长。豌豆苗的嫩叶中富含维生素 C ，豌豆还具有抗菌消炎、促进新陈代谢的功效。豆苗中含有较多膳食纤维，有清肠作用。

　　豌豆主要产于中国的华北、东北、华东、西南地区。完全成熟后的豌豆，剥去豆荚，晒干磨成粉，还是优质饲料的原料。

豌豆叶子为卵圆形或椭圆形，花萼呈钟状，花色多样。

褐毛野扁豆

【豆科】

分类： 野扁豆属
花期： 7 ~ 9 月
高度： 300 厘米

　　褐毛野扁豆原产欧洲，我国引种。一般生长在路边、耕地里或牧场上；植株呈卷须状，有分杈，茎纤细、柔软，可以靠卷须器官攀附在一些坚固的物体上生长；卵形叶子，顶端有卷须；黄色的花朵开在叶腋处，1~3朵花，花萼上有锐利的齿；结荚果，表面有稀疏的细毛；成熟后荚果会变成褐色，里面有圆卵形的种子。褐毛野扁豆是牲畜的优良牧草。

花有短柄，花萼有锐利的齿。

花朵开在叶腋处，有时带有紫色的脉纹，叶子互生或近似对生。

荚果表面有一层稀疏的毛，成熟后会变成褐色。

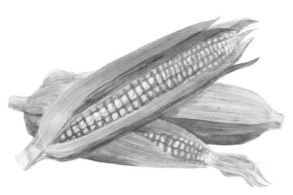

玉米

【禾本科】

别称：苞谷、苞米、玉茭
分类：玉蜀黍属
高度：100 ～ 200 厘米

玉米是世界上产量较高的粮食作物，与水稻、小麦等为亚洲人的主食。玉米味道香甜，含有丰富的蛋白质、维生素和纤维素，可制作各式菜肴及饮品，如可口的玉米汁、窝窝头。玉米还是最常见的饲料。

甜玉米既可以煮熟后直接食用，又可以制成各种风味的罐头和冷冻食品。

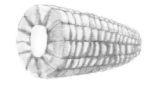

风干的玉米粒可以制成香喷喷的爆米花。

冬 瓜

【葫芦科】

别称： 白瓜、地芝
分类： 冬瓜属
高度： 20 ～ 70 厘米

冬瓜是蔓生或架生草本植物，常搭棚架让藤蔓缠绕延伸生长。冬瓜一般生长在阳光充足、温暖的地方，生长发育适温为25～30℃。果实为瓠果，食用部分为肉质的中果皮，呈长圆形或近似球形，冬瓜体积、质量较大，当吊在藤上生长时，茎部常常会发生断裂，所以，人们会用木板来托住果实。未成熟的果实鲜嫩，适合煮汤或清炒。果皮和种子可供药用，具有消炎、利尿、消肿的功效。

将冬瓜切开，可以看到白色的果肉（即中果皮）。

花冠为黄色，呈辐射状生长。

叶子是较为柔软的纸质，呈近似圆形的肾状，边缘处有小齿。

佛手瓜

【葫芦科】

别称：洋瓜、合手瓜
分类：佛手瓜属
花期：7~9月

叶子近似圆形，中间有较大的裂片，侧面有较小的裂片，基部为心形。

果实上长有纵向沟痕。

佛手瓜因瓜形像双掌合十，具有佛教祝福之意而得名。其口感清脆，一般在秋末收获，可以作为蔬菜食用，也可以当成水果。佛手瓜可以储藏很长时间，在常温下可以从10月储存到次年3~4月。有卷须，可以缠绕在棚架上生长。每当结果的时候，一个个倒卵形的佛手瓜吊在长长的茎上，具有一定的观赏价值。

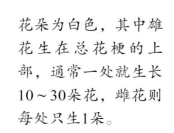

花朵为白色，其中雄花生在总花梗的上部，通常一处就生长10~30朵花，雌花则每处只生1朵。

葫芦

【葫芦科】

别称： 抽葫芦、壶芦、蒲芦
分类： 葫芦属
花期： 6～9月

葫芦果实逐渐成熟，呈现出玉石般的光泽。

葫芦是一种爬藤植物，因果实的形状而得名，一般生长在温暖、避风的环境中。它的藤可长达15米。夏季，藤上会开出白色的花朵。这些花朵多在晚上开放，故而被称作"夕颜"。鲜嫩的葫芦可食用，凉拌或炒制均可。

待葫芦果实变硬木质化至完全成熟时，就可以采摘下来，锯成两半制成瓢。瓢可以用来舀水、盛放食物。

黄 瓜
【葫芦科】

别称：青瓜、胡瓜、刺瓜
分类：黄瓜属
花期：6 ~ 7月

　　黄瓜是夏季最常见的蔬菜之一，春季播种，夏季结果。黄瓜属于攀缘性植物，可以缠绕在搭架上生长。黄瓜鲜嫩时含有较多水分，清脆爽口，表面有尖刺，随着不断生长、成熟，会由原本的嫩绿色，变成黄绿色或黄色。茎和藤成熟后，都可供药用，具有消炎和祛痰的功效。

黄瓜的叶子表面较为粗糙，人们常搭建一个黄瓜架，让藤蔓更好地延伸生长。

老黄瓜和鲜黄瓜均可以生食或煮熟食用，也可以腌制成各种小菜。

苦瓜

【葫芦科】

别称： 凉瓜、癞葡萄
分类： 苦瓜属
花期： 5 ~ 10 月

苦瓜因果肉味苦稍甘，适合生长在高温和光照充足的地方，藤蔓可以附着在其他物体上攀缘生长。在夏季开花，可食用部分果肉和假种皮，可清炒或煮汤，具有降火的功效。

苦瓜的叶柄很短，叶片呈卵状肾形或近似于圆形，叶片裂开如张开的手掌。果有多数瘤状突起，种子有红色假种皮。

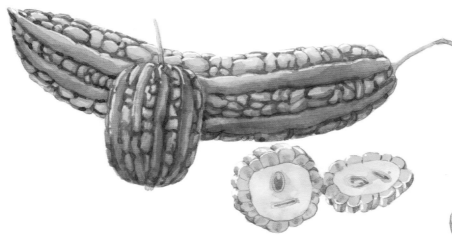

苦瓜可以制作各种菜肴及糕点。

苦瓜在开花的时候，花朵生于枝端或茎端，每一处只生一朵花，花冠呈黄色。苦瓜的藤蔓攀着棚架生长，种植在庭院中，可供观赏。

南 瓜
【葫芦科】

别称：番瓜、北瓜
分类：南瓜属
花期：5 ~ 7月

春季种植南瓜苗，只需施肥一次，南瓜藤就会延伸生长，然后开花、结果。南瓜全身都是宝，没开花时，嫩绿的叶子和茎可以炒制食用；当花开后，结出较小的、嫩绿的南瓜，也可以作为食材；等南瓜变为成熟的、黄澄澄的老南瓜时，可以熬粥或者清蒸，味道香甜。

老南瓜形如轮胎，果肉清甜，内部有很多南瓜子。

将老南瓜中的南瓜子取出晒干，炒制食用，回味无穷。

小蔓长春花

【夹竹桃科】

别称： 缠绕长春花、蔓长春花
分类： 蔓长春花属
花期： 5月

夹竹桃科蔓长春花属蔓性多年生草本植物，具有直立的花茎，全株无毛。叶长圆形至卵圆形。花冠漏斗状，花冠筒比花萼长，花冠裂片斜倒卵形；雄蕊5枚，着生于花冠筒的中部之下，花盘舌状；子房由2枚离生心皮组成，花柱端部膨大，柱头有毛，基部有一增厚的环状圆盘。蓇葖2个，直立。原产于欧洲。我国江苏等省有栽培。

花朵生长在茎的顶端，花茎细高，长30～70厘米。

叶片对生，花茎短而直，叶片有光泽。

姜

【姜科】

别称: 生姜、白姜、川姜
分类: 姜属
高度: 20 ~ 40 厘米

姜具有浓郁的香味及辛辣味，可以去除腥味和膻味，还可以为食物增香，是日常烹饪的调味料之一。春季播种，秋季收获。姜的根状茎较为肥厚，块茎就是可食用部分。姜的功效很多，姜茶可以驱寒；晕车时，口中含一块姜片可以缓解眩晕。

姜的花梗很长，可达25厘米，开花的时候，长出穗状花序，花冠呈黄绿色，点缀其中，非常美观。

姜的表皮呈淡黄色，去皮切开后，露出黄色的姜肉，还会散发出刺激性的气味。

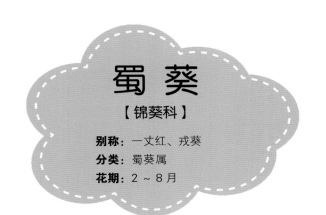

蜀葵

【锦葵科】

别称：一丈红、戎葵
分类：蜀葵属
花期：2 ~ 8月

蜀葵的叶子粗糙且多毛，花硕大，颜色丰富，从浅红色到紫色都有，结环形蒴果。蜀葵花期长，花朵艳丽，常作为装饰花卉。嫩叶和花朵可以食用，也是一味中药材。

花瓣双裂，突出的雌蕊为黄色，种子成熟后会自动散落下来。

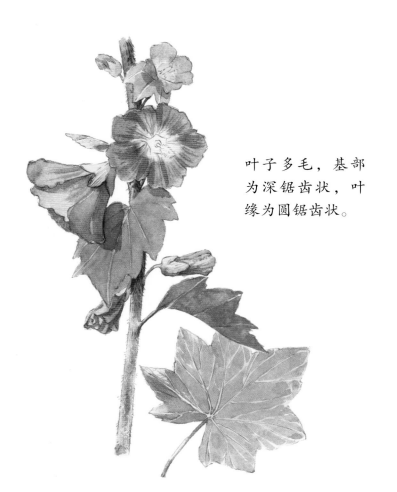

叶子多毛，基部为深锯齿状，叶缘为圆锯齿状。

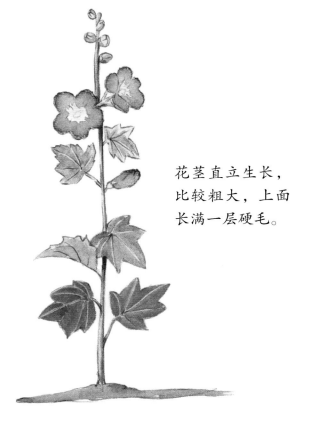

花茎直立生长，比较粗大，上面长满一层硬毛。

百日菊的花朵开在枝端头状花序，花瓣呈宽钟状，为多层，花朵较大，花色鲜艳。

百日菊
【菊科】

别称： 百日草、步步高、火球花
分类： 百日菊属
花期： 6～9月

百日菊适合生长在温暖、阳光充足的地方，它的根扎得较深，茎很坚硬，不会轻易倒伏。百日菊分支多，然后侧枝顶部的花比上一朵开的位置更高，所以得名"步步高"。百日菊的花瓣层层叠叠，为多层，花形美观，极具观赏价值，多进行人工培育，用来点缀花坛、花带等。

百日菊的颜色有多种，其中红色百日菊连着花茎，远远看去就像一把撑开的伞。

百日菊一般具有舌状花冠，即花冠下部联合呈筒状，上部联合呈扁平舌状。

大丽花

【菊科】

别称： 大理花、东洋菊、天竺牡丹
分类： 大丽花属
花期： 6 ~ 12 月

大丽花原产于墨西哥，是墨西哥的国花。大丽花花形美丽、花色鲜艳，再加上植株对二氧化硫、氟化氢、氯气等有害气体具有较强的吸收能力，所以深受人们喜爱，常被用来布置庭院、花坛等。大丽花花色多样，有20多种，花朵硕大，花形也有多种，包括单瓣、星状、球状、牡丹状、白头翁状等。

硕大的花朵由中间的管状花和外围的舌状花组成，花瓣颜色鲜艳。

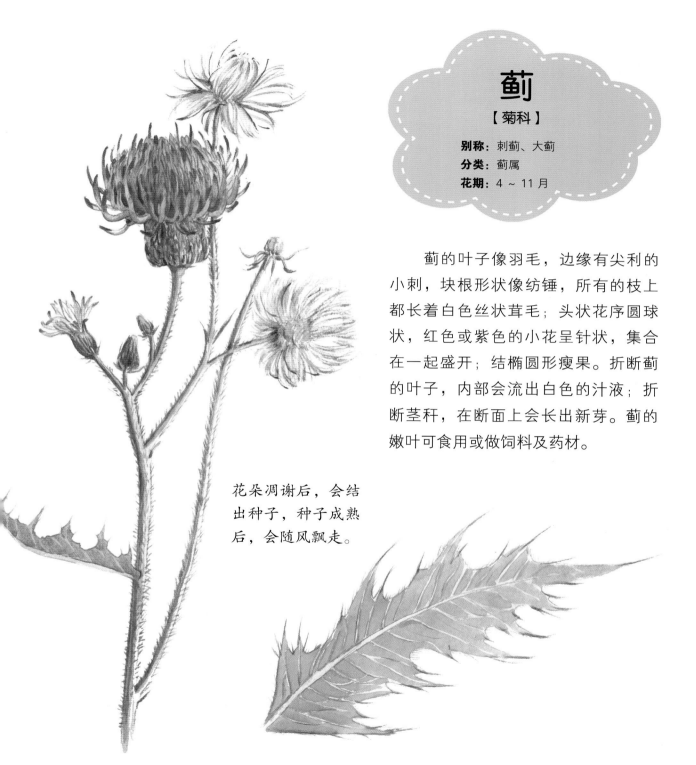

蓟

【菊科】

别称：刺蓟、大蓟
分类：蓟属
花期：4 ~ 11 月

蓟的叶子像羽毛，边缘有尖利的小刺，块根形状像纺锤，所有的枝上都长着白色丝状茸毛；头状花序圆球状，红色或紫色的小花呈针状，集合在一起盛开；结椭圆形瘦果。折断蓟的叶子，内部会流出白色的汁液；折断茎秆，在断面上会长出新芽。蓟的嫩叶可食用或做饲料及药材。

花朵凋谢后，会结出种子，种子成熟后，会随风飘走。

菊 花

【菊科】

别称: 秋菊、陶菊、隐逸花
分类: 菊属
花期: 9 ~ 11 月

菊花位列"中国十大名花"第三位,也是中国花中"四君子"(梅、兰、竹、菊)之一。菊花分布很广,几乎遍布中国各地,产量非常高。花朵较大,花瓣多层堆叠,颜色非常鲜艳。菊花种类繁多,每当花期到来,姿态不一、颜色多样的菊花竞相绽放,非常美观。

将菊花采下,阴干、蒸晒、烘焙,可制成菊花茶。菊花茶味道甘、苦,具有下火、清肝明目、解毒消炎等功效,深受人们喜爱。

菊花还可以用来制作菊花冻。菊花冻美味可口,口感清爽,深受孩子们喜爱。

花苞向下翻，花瓣凋谢后会长出白色的丝状冠毛。

蒲公英
【菊科】

别称：黄花地丁、婆婆丁
分类：蒲公英属
花期：4 ~ 10 月

蒲公英广泛生长在坡地、路边或田野上。它的根部深长；叶子基生，紧贴地面生长；茎折断后会流出白色的汁液；黄色花朵呈头状花序，由内向外开放。花谢后，包裹在花苞外的白色冠毛会结成一个漂亮的绒球，每个绒球包含100粒以上的种子，种子随风飘落，落在哪里，就在哪里孕育新生命。蒲公英可以做菜，还有很高的药用价值。

花朵由内向外开放，夜晚，花瓣为了保持水分和热量会合拢。

叶子边缘为波状齿，顶端裂片呈三角形，有明显的叶脉。

波斯菊

【菊科】

别称：秋英、大波斯菊
分类：秋英属
花期：6 ~ 8 月

在路边、小溪旁常能看到波斯菊，波斯菊又称"秋英"，是一种著名的观赏植物。波斯菊一般生长在阳光充足的地方，生命力极强，对环境的适应能力也很强。根呈纺锤状，茎上不长毛或只长一些柔软的毛。花朵生在枝端，每处只长一朵花，直径为3 ~ 6厘米，色泽鲜艳，非常美观。

叶子细长，呈线形或丝状线形。

在路旁、田埂、溪边等都能看到波斯菊的影子。

生菜又称"散叶莴苣"，叶子是其主要可食用部分。生菜春季播种，夏季时嫩叶便可食用。生菜可以生吃或煮熟食用，还可以包饭团。西方人还喜欢将生菜放在汉堡中间，食用时清脆爽口。叶子中含有白色汁液，这种汁液具有镇痛和催眠的功效。

生 菜
【菊科】

别称：散叶莴苣
分类：莴苣属
高度：25 ～ 100 厘米

生菜在6～7月开花，花朵生于枝端，花冠为黄色。

叶子表面有很多褶皱，像水纹一样。

菊 芋

【菊科】

别称：洋姜、鬼子姜
分类：向日葵属
花期：8～9月

菊芋，又名洋姜、鬼子姜，叶子为卵形，较粗糙。直立的茎部有白色的短毛，结楔形瘦果。菊芋地下块茎形似芋头，富含淀粉、菊糖等果糖多聚物，可以煮食或熬粥，腌制咸菜，晒制菊芋干，是制取淀粉和酒精的原料。

块茎上有瘤状突起，味道淡，口感脆。为制酒精及淀粉的原料。

头状花序，12～20个黄色舌状花瓣展开。

菊芋能长很高，甚至能探过较高的围墙，在墙的另一侧继续开花。

向日葵的花朵总是朝向太阳，所以又称"朝阳花"。茎较为粗壮且立挺，茎上长有粗硬毛，叶子呈卵形或卵圆形，表面较为粗糙，边缘呈锯齿状，还带有长长的叶柄。花朵生于枝端或茎顶，为头状花序，较大，直径可达30厘米，最小的也有10厘米。花朵的颜色为金黄色，非常鲜艳，远远看去像黄色的大圆盘。

向日葵
【菊科】

别称: 向阳花、太阳花、转日莲、朝阳花
分类: 向日葵属
花期: 7～9月

向日葵的果实叫作葵花子，呈倒卵形或卵状长圆形，外皮较硬，为灰色或黑色，可生食，也可以炒熟食用。

向日葵较为高大，整株的高度为2.5～3.5米。每当花期到来，一排排向日葵竞相开放，极具观赏性。

大花蕙兰

【兰科】

别称：喜姆比兰、蝉兰
分类：兰属
高度：150 厘米

每当春暖花开的时候，多种花色的大花蕙兰竞相绽放，极具观赏性。它的花姿独特，对甲醛、苯等有害气体的吸收能力很强，常被人们置于花架、阳台上。大花蕙兰花色多种多样，主要包括白色、黄色、绿色、紫红色及复色等。

大花蕙兰花朵硕大，色泽艳丽，它是兰花的一种，所以有"兰花新星"的美称。

大花蕙兰的茎较为粗壮，呈椭圆形，略扁；叶子细长且常年浓绿，是典型的多年生常绿草本植物。

菠菜原产于伊朗，在唐朝初期，从尼泊尔传入中国，并在中国得到普遍栽培，是极常见的蔬菜之一。菠菜富含类胡萝卜素、维生素C、维生素K、矿物质、辅酶Q10等多种营养元素，是人们喜食又营养丰富的蔬菜。

菠 菜
【藜科】

别称： 波斯菜、红根菜、鹦鹉菜
分类： 菠菜属
高度： 40 ～ 100 厘米

菠菜属耐寒蔬菜，种子在4℃气温中即可发芽，最适宜生长的温度为15℃～20℃，25℃以上生长不良，地上部分能承受−8℃～−6℃的低温。

菠菜种子充分成熟后易脱粒，所以应在种子成熟之前就全部收获，然后在干燥的地方堆置几天，以待种子成熟。

藜

【藜科】

别称：灰菜、落藜
分类：藜属
花期：5 ~ 8 月

藜，又称"灰菜"，茎部粗壮，表面有一条条紫红色或绿色的枝条，枝条斜升或开展；叶子为菱状卵形，似鹅掌，有时嫩叶表面有一层紫红色的泡状毛（粉状物）；圆锥状花序；果皮与种子贴生。灰菜是一种常见的野菜，可以食用，味道鲜美，营养丰富。

花朵较小，不美观，密集地簇生于枝头顶部或腋生。

嫩叶可以凉拌或炒食，也可以作为猪饲料。

洋桔梗

【龙胆科】

别称：草原龙胆、土耳其桔梗、丽钵花、德州兰铃

分类：洋桔梗属

高度：30 ~ 100 厘米

洋桔梗的花朵呈钟状，与桔梗相似，所以人们称它为"洋桔梗"。洋桔梗花色清丽淡雅，花形别致可爱，是比较常见的花卉种类。花冠为漏斗形，花瓣呈覆瓦状排列，而且花色丰富多彩，有红色、粉红色、淡紫色、黄色及复色等，色调清新，花姿典雅。

洋桔梗播种半个月左右就开始发芽。

播种后4~5个月，洋桔梗才开始开花。其花形别致典雅，是国际上极受欢迎的盆花和切花种类之一。

发芽后，再过半个月左右，就长出了幼苗。幼苗的生长极为缓慢。

观赏獐牙菜

【龙胆科】

分类：獐牙菜属
花期：5 ~ 7 月
高度：2 ~ 15 厘米

观赏獐牙菜常生长在草地上和路边，通常只有一根茎，从茎中部以上开始分枝，茎底部的叶子是椭圆形的，呈莲座状丛生。花瓣颜色为粉红色或深红色，结蒴果。观赏獐牙菜生长较缓慢。

分枝从中部以上才开始出现，茎叶对生。

叶片上有3条明显的叶脉。

花簇生于顶部，有细长的苞片，花蕊集中突出。

马齿苋是一种随处可见的野菜，耐旱、生命力很强，即使拔起久晒，也不会马上枯萎。马齿苋的茎部柔软并且紧贴地面；叶子小而肥厚，对称生长，形状像马齿；枝条呈淡绿色或暗红色；结小而尖的果实，果实中有马齿苋籽。马齿苋是食药两用的植物。

马齿苋
【马齿苋科】

别称： 五行草、长命菜
分类： 马齿苋属
花期： 5 ~ 8 月

马齿苋的茎部粗，呈深红色；花小，呈黄色，有5片花瓣。

马齿苋茎顶部的叶子很柔软，可用来做汤、炖菜。

马齿苋常见于空地或田地，植株相互依附生长。

芍 药

【芍药科】

别称: 别离草

分类: 芍药属

花期: 5 ~ 6 月

芍药,又称"别离草",它的根较为粗壮,为肉质纺锤形或长柱形块根;茎高达40 ~ 70厘米;花瓣的数量非常多,在百片以上,内外重叠。芍药的品种丰富,且花色繁多,种子可榨油、制肥皂和涂料等,根和叶可制栲胶。

芍药的花瓣重叠形成碗状,中间有黄色的花蕊加以点缀,显得典雅而美丽。

芍药花朵大、花瓣多、花姿美,适用于插花。

红色芍药颜色鲜艳,花朵硕大,花瓣数量繁多,非常美观。

猕猴桃也称"奇异果"，表皮上长有一层短短的灰色茸毛，因猕猴喜食而得名。而新西兰人又觉得这种茸毛跟奇异鸟身上的褐色羽毛非常相像，所以，又称它为"奇异果"。剥开果皮，猕猴桃草绿色的果肉就会露出来，果肉带有特殊的香味，内部还长有一层黑色或绿色的种子。如果误将尚未熟透的猕猴桃采摘回来，也不用担心，放置几天后，果肉会变软，口味也会由酸变甜。

猕猴桃
【猕猴桃科】

别称：羊桃、奇异果
分类：猕猴桃属
成熟时节：8～10月

猕猴桃营养丰富、口味鲜美，常被榨成果汁饮用。维生素C含量高，是柑橘的5～10倍，比一般的果品高数十倍。

猕猴桃是一种木本藤蔓植物，可以攀附在其他树木上生长。

茜 草

【茜草科】

别称： 血见愁、地苏木
分类： 茜草属
花期： 8 ～ 9 月

茜草是一种攀缘藤木，一般生长在树林边缘、灌木丛里或草地上。它的根状茎和须都是红色的，花序和分枝都比较细瘦，花冠淡黄色。茜草有凉血、止血的功效。它还是一种传统的植物染料，布料经套染后可以得到从浅红到深红不同的颜色。

叶子轮圈生长，花较小，聚伞花序，簇开在每一轮的叶腋处。

结球形浆果，果实成熟后会变成黑色或红色。

茎部为四菱形，表面有长毛，叶子无毛，叶片上有三条清晰的主脉。

蛇莓与草莓很相似，蛇莓的茎细长，匍匐生长，每节都会生根。成熟的蛇莓呈暗红色，近球形，可直接食用，味道酸甜，略带涩味。整株蛇莓为绿的叶、黄的花、红的果，彼此映衬，非常美观。

蛇 莓
【蔷薇科】

别称：蛇泡草、三匹风、三爪龙
分类：蛇莓属
成熟时节：8 ~ 10月

蛇莓整株可供药用，晒干后，泡茶饮用，具有清热解毒、收敛止血等功效。制成乳膏，外敷可以治疗疔疮等病症。

番茄

【 茄科 】

别称： 西红柿、洋柿子
分类： 番茄属
高度： 60 ~ 200 厘米

番茄表皮光滑，内部充满了松软的籽和汁液。轻轻一捏，汁液就会溅出。番茄产量很高，可以种植在田地里，也可以直接栽种在花盆里，生长期需要搭架子。番茄含有丰富的胡萝卜素、果酸、维生素及钙等，深受世界各地人们的喜爱，尤其是番茄还能制成番茄酱来烹饪各种美食。

番茄品种有很多，体积也各有不同，较大番茄如拳头般大小，小番茄如玻璃弹珠般大小。

番茄在夏季开花，花朵为黄色，授粉后凋谢，会结出绿色的果实。果实不断长大成熟，由绿色变为鲜红色。

甜椒

【茄科】

别称: 灯笼椒、柿子椒
分类: 辣椒属
高度: 20 ~ 50 厘米

　　甜椒是辣椒的一个变种,味道不辣或微辣,富含抗氧化剂及多种维生素,品种丰富且颜色鲜艳,深受世界各地人们喜爱。常见的甜椒有红色、黄色、绿色、紫色等,无论是西餐还是中餐,常会用它作为点缀。甜椒对治疗白内障、心脏病都有一定辅助作用。

　　甜椒的果实颜色丰富,接近扁球状,表面有多条内凹沟,成熟时,犹如一个个小灯笼挂在枝间,很美观。

　　甜椒常用来制作开胃菜品或沙拉,也可用来做汤、炖菜等。

曼陀罗

【茄科】

别称： 洋金花、大喇叭花、山茄子
分类： 曼陀罗属
花期： 6 ~ 10 月

曼陀罗一般生长在温暖、湿润、阳光充足的环境中，对土壤要求不高，适应能力很强。因此，在田间、沟旁、山坡、河岸等地方均可以看到曼陀罗的野生品种。曼陀罗有剧毒，对棉花、豆类、薯类等均有危害。茎较为粗壮且立挺；叶子呈宽卵形；花生于叶腋或枝杈处，一处只生一朵花。花冠为漏斗状，多为白色，也有紫色、蓝色、粉色等其他颜色的品种。

蒴果直立在枝杈或叶腋处，呈卵圆形，表面长有坚硬的刺。

种子呈扁肾形，颜色为黑褐色。

曼陀罗花朵倒吊，形似喇叭，又被称为"大喇叭花"。

龙 葵

【茄科】

别称： 野辣虎、野葡萄、天天
分类： 茄属
花期： 夏季

　　龙葵一般生长在田边、荒地及村庄附近，叶子很像辣椒叶。夏季会开出白色小花，成熟的浆果为黑紫色，味微酸，可以食用。叶子含有大量生物碱，煮熟后方可食用。龙葵还是一种中药材，具有散瘀消肿、清热解毒的功效。

叶子基部为楔形，先端短尖，叶缘具有不规则的波状粗齿。

龙葵果实形似珠子，挤破会把白布染成紫黑色。

茄

【茄科】

别称： 茄子、矮瓜、紫茄、昆仑瓜
分类： 茄属
高度： 40 ～ 60 厘米

茄分为表皮深紫色和绿色两个品种，其中紫色最为常见。茄的表皮光滑发亮，用煮熟的茄子拌米饭，米饭会被染成茄的颜色。茄除了果实可以食用外，根、茎、叶亦可供药用，具有利尿的功效，叶子还可以用作麻醉剂。

茄内部非常柔软，像海绵一样，很吸水，也很吸油。

马铃薯又称"土豆"，是世界范围内普遍种植的粮食作物。中国是世界上种植马铃薯最多的国家。马铃薯中的淀粉含量较高，将马铃薯切开或削皮时，沾在手上的白色粉末就是淀粉。马铃薯既可以当作主食，也可以当作副食。

马铃薯
【茄科】

别称： 土豆、洋芋、山药蛋
分类： 茄属
高度： 20 ~ 50 厘米

很多人认为平常吃的马铃薯是马铃薯的根部，事实上，我们食用的是马铃薯根部末端的块茎。开花时，马铃薯花朵生在植株顶端或顶端的侧面，花色为蓝紫色，很美观。

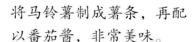

将马铃薯制成薯条，再配以番茄酱，非常美味。

柴 胡

【伞形科】

别称：地熏、柴草
分类：柴胡属
花期：7 ~ 9 月

柴胡一般生长在干燥的荒山坡、田野或路旁这些地方。因其种类不同，可以分为北柴胡、红柴胡和银州柴胡。柴胡的主根较粗大，主干直立丛生，表面呈黑褐色或浅棕色，皮质内富含纤维，所以不易被折断；花序水平伸出形成疏松的圆锥状。柴胡可以煮粥，也可以泡药茶，入药部分主要是干燥的根部。

花序呈伞形，由10 ~ 15伞幅淡黄色小花组成1个花序。

果实是粗钝的长圆形双悬果。

叶子像竹叶，成对生长，先端尖，分枝间隔较宽。

胡萝卜

【伞形科】

别称： 红萝卜、番萝卜、小人参
分类： 胡萝卜属
高度： 20 ~ 40 厘米

胡萝卜和白萝卜一样，可食用部分主要为根。虽然胡萝卜与白萝卜在名称上仅有一字之差，但是口感存在很大区别，胡萝卜又脆又甜，不带丝毫辣味。胡萝卜含有丰富的胡萝卜素，在人体内某些酶的作用下，可转变为维生素A，营养价值比较高，多吃可以明目，还可以让肌肤变得细腻光滑，深受人们喜爱。

胡萝卜的根直扎入土壤中，口感又脆又甜，但比较硬。在全球广泛种植。

把剩余的胡萝卜头放入水中，进行无土栽培，几天之后，就会发芽。

茴 香

【伞形科】

别称： 茴香子、香丝菜
分类： 八角香属
花期： 5 ~ 6 月

茴香一般在温暖的地区生长，它会散发出一种特殊的香辛味，是烧鱼、炖肉、卤制食品时的必备香料。因它能去除肉中异味，为之添香，故称其为"茴香"。种子所含的主要成分是茴香油，能促进人体内消化液分泌，增加胃肠蠕动，排出积存的气体，有健胃、行气的功效。

夏季开花，花朵是黄色的。花朵较小，分散成复伞形花序。

茴香籽呈淡青灰色，长卵形，有特殊的香气，可以做调料，也可供药用，有暖胃、散寒的功效。

茴香肥厚的叶鞘部鲜嫩质脆，一般可以切成细丝，再加入调味品凉拌食用，也可与肉类一起炒制。

茎直立，光滑，非常坚硬，表面呈灰绿色或苍白色。

醉蝶花的植株较为高大，一般为40~60厘米。茎上生有细毛，会散发出一种刺鼻的气味。花朵生长在枝端，开放时，会自下而上依次绽放。每当花朵盛开时，整个花序犹如一个丰满的花球，每朵花就像蝴蝶一样迎风飞舞，极为美观。

醉蝶花
【山柑科】

别称： 蝴蝶花、凤蝶草、紫龙须
分类： 白花菜属
花期： 6~9月

花瓣呈披针形，向外反卷，颜色多为红色或白色，远远看去像蝴蝶的翅膀。

小叶呈圆状披针形，一般有4~7片。

醉蝶花盛开的时候，总会吸引蝴蝶飞来。

白萝卜
【十字花科】

别称: 莱菔、菜头、芦菔
分类: 萝卜属
高度: 50 ~ 80 厘米

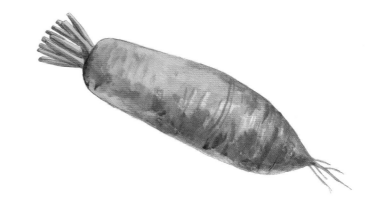

白萝卜口感好且具有药用价值，现今已经有上千年的种植历史。白萝卜可食用的部分包括肉质的直根和叶子，又因其直根多为白色而得名。肉质的直根较为肥大，有的全部扎入土壤中，有的会有部分露在外面。多食用白萝卜有助于防癌抗癌、止咳化痰、清肠排毒等。

白萝卜裸露在外的肉根经过阳光的照射会变成绿色，其口感比土壤中的白色部分更甜、更脆。

白萝卜口感清脆，略带甜味和辣味，加盐和糖搅拌均匀制成腌菜，搭配面条或粉丝，不仅能增加食欲，还可以促进消化。

白菜原产于中国北方，为东北、华北东春两季重要蔬菜，通常会在秋季播种，第二年春季收获，也有一些地区在夏季播种，在晚秋收获。白菜叶长在极短的茎上，就像直接从根上生长一样，呈莲座状。叶子一层层紧紧包在一起，形成了球状，俗称"叶球"。叶球较大，有时可重达3千克。

白 菜
【十字花科】

别称： 结球白菜、绍菜、大白菜
分类： 芸薹属
高度： 40 ~ 60 厘米

白菜叶球外层的叶子呈浅绿色或浓绿色，菜心部分呈奶白色或淡黄色，因此也称"黄芽菜"。

白菜清甜可口，可炒、炸、凉拌，也可以腌制成泡菜，具有清肠利便的功效。

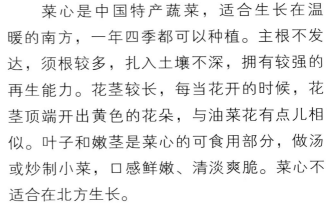

菜 心
【十字花科】

别称： 白菜薹、水白菜花
分类： 芸薹属
高度： 20 ~ 50 厘米

菜心是中国特产蔬菜，适合生长在温暖的南方，一年四季都可以种植。主根不发达，须根较多，扎入土壤不深，拥有较强的再生能力。花茎较长，每当花开的时候，花茎顶端开出黄色的花朵，与油菜花有点儿相似。叶子和嫩茎是菜心的可食用部分，做汤或炒制小菜，口感鲜嫩、清淡爽脆。菜心不适合在北方生长。

花冠比较特别，呈"十"字形，为黄色。

叶子呈卵圆形或椭圆形，叶片较宽，为黄绿色或深绿色，边缘处呈波浪状。

甘蓝在亚洲各国均有种植。它并非一开始就呈球状，最初甘蓝的叶子是向四周散开的，后来，随着生长，叶子不断向内收拢，逐渐形成一个球形。甘蓝口感清脆，带有甜味，可切成丝凉拌、蒸或炒熟食用，西方人常用它做沙拉，几乎每天都会食用。

甘 蓝
【十字花科】

别称： 圆白菜、包菜、包心菜
分类： 芸薹属
高度： 20 ~ 40 厘米

甘蓝品种较多，有绿色、白色和紫色的。叶子光滑厚实，每一层都相互紧贴着，而且越内层的叶子褶皱越多。

甘蓝适合生长于阴凉的环境，在秋季收获的甘蓝口感更佳。

花椰菜

【十字花科】

别称： 花菜、菜花、椰菜花
分类： 芸薹属
高度： 20 ~ 50 厘米

花椰菜原产于地中海东部海岸，约在19世纪中叶被引进中国。现在，中国花椰菜种植面积及总产量位居世界前列。花椰菜味道鲜美，含有丰富的维生素B_2及多种人体必需的营养元素，花椰菜还含抗氧化物质，是一种很受人们欢迎的蔬菜。

花椰菜有白、绿两种颜色，绿色的叫作西蓝花，可做凉菜或配菜使用。

花球由肥嫩的花序轴和50 ~ 60个一级肉质分支组成。正常花球为半球形，表面呈颗粒状，质地致密。

乌塌菜

【十字花科】

别称：塌棵菜、黑桃乌
分类：芸薹属
高度：30 ~ 40 厘米

乌塌菜属于中国南方地区的蔬菜，它相当耐寒，可以露天越冬，在冬季深受人们喜爱。乌塌菜含有大量的膳食纤维，对防治便秘有很好的作用，被称为"维生素菜"。乌塌菜中的维生素 C 含量较高，成人食用 100 克乌塌菜，就基本满足人体当天所需的维生素 C，因此，乌塌菜很受欢迎。

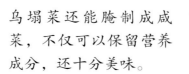

乌塌菜还能腌制成咸菜，不仅可以保留营养成分，还十分美味。

乌塌菜可凉拌也可以炒制，如素炒乌塌菜，还可以做汤。

韭兰

【石蒜科】

别称: 韭莲、风雨花
分类: 葱莲属
花期: 5～8月

韭兰一般生长在庭院小路旁或者树荫下,叶片呈线形,非常像韭菜。花瓣6～8枚,呈粉红色。韭兰叶片是扁的,容易弯曲或倒伏。韭兰与葱兰比较相似,葱兰花朵的颜色一般是白色,而韭兰的花朵一般是粉红色的,颜色鲜艳,非常美观。

淡红色的韭兰花瓣呈"Y"形张开。

葱兰主要花色是白色,部分带有红褐色的苞状总苞,像火焰一般,典雅优美。

韭兰的鳞茎不算粗大,直径约为2.5厘米,还有明显的颈部,颈长是鳞茎直径的1～2倍。

石 蒜
【石蒜科】

别称： 龙爪花、彼岸花、曼珠沙华、乌蒜
分类： 石蒜属
花期： 8～9月

石蒜一般为野生，主要生长在阴暗潮湿的山坡和溪沟旁的红色土壤中。石蒜花开的时候，放眼望去，漫山遍野一片鲜红，极具观赏价值，人们常将它培育成盆栽，用来装饰花坛、庭院等。

石蒜的花朵生于花茎的顶部，呈鲜艳的红色，花序呈伞形，极具特色。

石蒜的鳞茎近似球形；叶子呈细长的带状，绿色；花茎很长，达30厘米。

水仙花

【石蒜科】

别称：凌波仙、金银台、天葱
分类：水仙属
花期：1～2月

水仙花一般生长在温暖、湿润、排水良好的环境中，是中国传统观赏花卉之一，位列"中国十大名花"第十。水仙花鳞茎汁液多，有毒。花朵生在花序轴的顶端，花序呈伞形，花瓣较多，一般都有6片，呈白色。

水仙花花瓣为白色，花蕊为黄色，而且在花蕊外还有一个碗状"保护罩"。

水仙花的鳞茎上覆有棕褐色的皮膜。一个鳞茎基本能抽出1～2枝花茎，多的可以抽出8～11枝。

肥皂草，又名"石碱花"，花期较长，生命力旺盛，易繁殖，在干燥地和湿地上均可正常生长，对土壤要求不高。肥皂草在夏、秋两季开花，花朵为白色，逐渐转变为粉红色，花形优美，香气浓郁；结黑褐色的圆卵状蒴果；肥皂草根部可入药，肥皂草的汁液中含有皂苷物质，可用来洗涤器物。

肥皂草
【石竹科】

别称：石碱花
分类：肥皂草属
高度：30 ～ 70 厘米

花瓣为长卵形；
每一个小聚伞花
序有3～7朵花。

叶子呈椭圆形，叶面光
滑；多茎且分布疏散，
茎基部的叶子较宽。

花梗长，花簇密集，
花萼筒状，花蕊和花
柱外露。

石竹

【石竹科】

别称： 洛阳花、中国石竹、
中国沼竹、石竹子花

分类： 石竹属

花期： 5～6月

花朵的花瓣呈倒卵状三角形，边缘处呈锯齿状，表面有斑纹。

石竹整株无毛，节膨大，叶对生。种类较多，包括钻叶石竹、蒙古石竹、丝叶石竹、高山石竹、辽东石竹等等。花朵的颜色也有很多种，有紫红色、粉红色、鲜红色和白色等。石竹具有吸收二氧化硫和氯气的作用。

整株石竹高30～50厘米，适合生长在阳光充足且干燥通风的地方。

藕其实就是荷花的块茎。生长在污泥里，呈节状，是荷花储存养分的部位。切开藕，会发现内部多孔，还会拉出很多细长的丝。莲藕可以切片清炒，也可以腌制，口感清脆。如果磨成粉，冲泡饮用，有益健康。

藕
【睡莲科】

别称：莲藕
分类：莲属
高度：20 ~ 40 厘米

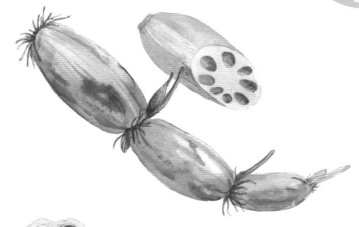

花朵授粉凋谢后，会长出海绵质的莲蓬，其形状如喷头，每个"喷水孔"内都有一个又圆又硬的莲子。

每到仲夏时节，荷花绽放，硕大的花朵掩映在绿叶间，非常美观。

贯叶金丝桃

【藤黄科】

别称： 贯叶连翘、小金丝桃
分类： 金丝桃属
花期： 7～8月

贯叶金丝桃是一种植物的全草，分三种，果实均为蒴果，形状与大麦相似，呈黑褐色，表面有蜂窝一样的纹路。圆柱形的茎部，叶子为长椭圆形，边缘布满了透明或黑色的小腺点。贯叶金丝桃具有疏肝解郁、清热利湿、消肿通乳的功效，是一味中药材。

蒴果有背生的腺条和侧生的囊状腺体，顶端开裂，种子多，呈圆筒形。

花瓣分散、整齐，表面有黑色的腺体，花柱突出。

聚伞花序，开金黄色大花朵，每朵花5片花瓣，每片长圆形或披针形的花瓣边缘常有黑色的腺点。

芋头与土豆相似，只是体积较小。将芋头去皮，置于淘米水里煮熟，味道和土豆也很相似。芋头是植株基部的短缩茎，随着养分的积累，逐渐变得肥大，形成球状肉茎。叶子非常大且表面光滑。芋头还可以用于制酒、酿酒等。

芋 头

【天南星科】

别称： 青芋、毛芋头
分类： 芋属
高度： 90 ~ 110 厘米

叶柄又称"芋梗"，可以剪下来煮熟食用，也可以晒干，保存一段时间后，再炒熟食用。

芋头口感细软、绵甜香糯，人们炖肉时会加入芋头。

芋头适合生长在潮湿的地方，常被种植在井边和水沟旁。

百香果

【西番莲科】

别称： 鸡蛋果、西番莲
分类： 西番莲属
成熟时节： 11 月

百香果外形呈卵球形，与鸡蛋相似，因果肉间充满黄色果汁，像生鸡蛋黄因此又称鸡蛋果。百香果未成熟时为青色，成熟后为紫色，果皮较硬，气味芳香。果实美味可口，因含有非常丰富的果汁，被称为"果汁之王"。百香果可供药用，具有消除疲劳、美容养颜、消炎去斑等功效。百香果非常高产，不仅可以直接食用，还可以作为蔬菜甚至饲料原料。

花朵生于叶腋，每处只生一朵。花朵较大，基部为淡绿色，中部为紫色，顶部为白色，非常美观。

百香果晒干后，表皮褶皱增多，切开取出果肉，可以泡茶饮用。

鸡冠花的花朵为红色，因形如鸡冠而得名。鸡冠花植株主干较为粗壮，分枝很少；花朵生得极密，在一个大的花序下长有多个较小的分枝，呈圆锥体，而表面则呈羽毛状，给人一种毛茸茸的感觉。鸡冠花对二氧化硫、氯化氢有良好的吸收作用，可达到净化空气的目的，另外具有很高的药用价值。

鸡冠花
【苋科】

别称： 红鸡冠、老来红、大鸡公花
分类： 青葙属
花期： 7～9月

叶子为葱绿色，叶脉清晰。

与公鸡的鸡冠对比一下，鸡冠花的花形是不是跟它很像呢?

番 薯

【旋花科】

别称： 红薯、地瓜、甘薯、番芋
分类： 番薯属
高度： 20 ~ 40 厘米

番薯植株的块根长在地下，带有甜味，故而又被称作"地瓜"。番薯的种类较多，其中红色和黄色的品种最常见。一般来说，夏初开始育苗，秋季收获。从夏季到收获前，都可以采摘番薯茎及番薯叶子作为食材。

番薯的产量很高，可以放到地窖里储存很长时间，还可以加工成淀粉。

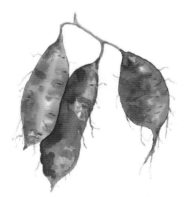

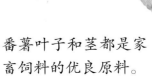

番薯叶子和茎都是家畜饲料的优良原料。

番薯呈纺锤形、椭圆形或圆形，切开后，里面的颜色、花纹因为品种的不同而存在差异。

圆叶牵牛一般生长在温暖且阳光充足的地方。它非常耐干旱，即使在贫瘠的土壤上，也能生长得很好，因此广泛分布于世界各地。茎上长有倒向软毛或倒向长硬毛，叶子呈圆心形或宽卵状心形。花朵生在花序梗的顶端，生一朵或多朵，聚集形成伞形花序。它的花冠为漏斗状，使得整朵花看上去像个喇叭。

圆叶牵牛

【旋花科】

别称： 圆叶旋花、小花牵牛
分类： 牵牛属
花期： 5 ~ 10 月

圆叶牵牛是一种攀缘草本植物，多攀着于山石、篱笆、花架等进行生长。

圆叶牵牛盛开后，展开的花盘会收拢，然后枯萎，长出球形的蒴果。

虞美人

【罂粟科】

别称： 丽春花、赛牡丹
分类： 罂粟属
高度： 25 ～ 90 厘米

虞美人又称"赛牡丹"，人们认为它像牡丹一样美丽，它的花朵很薄，像彩云般轻盈；茎和叶子上都有毛，分枝细弱；花瓣近圆形，花色丰富，能开红色、紫色或白色的花；结小小的蒴果，种子多数、有毒。虞美人不但花美，而且药用价值高，还可以作为染料。

蒴果像小小的莲蓬，呈盘状，无毛，里面有许多肾状长圆形的种子。

叶子互生，披针形，呈羽状分裂，从底部到尖端逐渐变小。

虞美人全株长满明显的糙毛，分枝多而且纤细，叶质较薄，就如同纤弱的美人。

延胡索一般生长于丘陵草地，更适应温暖湿润的气候，又称"大地之雾"。地下有圆球形块茎，地上茎短、纤细，折断后会流出黄色的液汁；蒴果圆柱形，具有活血、行气、止痛的功效，是常用的中药材之一。

延胡索

【罂粟科】

别称：元胡、玄胡
分类：紫堇属
高度：10 ～ 30 厘米

植株高10～30厘米。块茎圆球形，质地发黄。

花瓣的边缘向上翘起，顶部颜色较深，4片花瓣，外轮2片稍大，内轮2片稍小。

叶片轮廓为宽三角形，叶柄长。

附地菜

【紫草科】

别称： 鸡肠草、地胡椒
分类： 附地菜属
花期： 5 ~ 6月

附地菜，又名"鸡肠草"，因为它的茎部为棕红色，被短糙伏毛，跟鸡肠十分类似。附地菜紧贴地面生长，整株像莲花座四散铺开；单叶互生，叶片皱缩，为椭圆形或长圆形，表面被糙伏毛；总花序细长，可达20厘米，顶端开蓝色小花；结小坚果。全草可供药用。

花序生茎顶，幼时卷曲，然后慢慢伸长，顶端与花萼连接部分变粗，呈棒状。

叶卵圆形，有明显叶脉，下部叶有短柄，上部叶无柄。

附地菜不可作为食材，但可供药用，有健胃、止血、消肿等功效，还可以外敷，治疗跌打损伤。

琉璃苣的口感和气味与黄瓜相似，外形类似于大型茼蒿。琉璃苣全株密生粗毛，花朵非常美观，花冠蓝色 5 瓣，蜜蜂和蝴蝶常被其花朵的香气吸引而来。种子为小坚果，表面有乳头状的突起。琉璃苣嫩叶可以作为蔬菜食用，鲜叶及干叶还可用于炖汤。另外，叶子还含有挥发油，能平抚情绪、安定神经，是一种有名的药材。几百年前，欧洲人就将其作为药草使用。

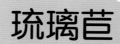

琉璃苣

【紫草科】

别称：星星草
分类：琉璃苣属
花期：7 月

花序下垂，呈喇叭状，5枚花瓣的形状像星星。5枚雄蕊在花中心排成圆锥形。

每年7月是琉璃苣盛开的时间，花朵可以做糖果，并有镇痛的效果，也可做蜜源。

牛舌草

【紫草科】

分类：牛舌草属
花期：4 ~ 7 月
高度：20 ~ 100 厘米

牛舌草一般生长在田野和沙质地上，花形较小，密毛较柔软。花朵从短的侧枝上开出，花簇呈螺旋状，花朵的颜色从红色逐渐变成蓝紫色。结较小坚果。牛舌草具有药用价值。

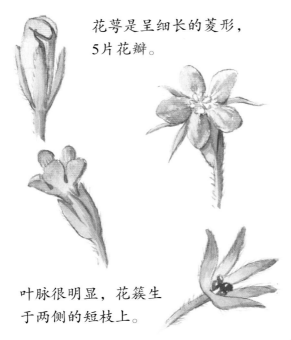

花萼是呈细长的菱形，5 片花瓣。

叶脉很明显，花簇生于两侧的短枝上。

2 个雄蕊，内藏。

紫茉莉

【紫茉莉科】

别称： 状元花、粉豆花、胭脂花
分类： 紫茉莉属
花期： 6～10 月

　　紫茉莉适合生长在温暖湿润的气候中，原产于热带美洲。花簇生在枝端，颜色鲜艳，有紫红色、黄色、白色或杂色。紫茉莉喜爱阴凉，只在清晨或者傍晚时花朵才开放，如果光照强烈，花朵会自然闭合。夏天，人们常常在院子里或室内种一盆紫茉莉，用来驱蚊。

花被呈高脚杯状，易识别。

果实为黑色瘦果，较小，直径为5～8毫米，呈球形，表面有褶皱。

图书在版编目（CIP）数据

身边生动的植物 / 匡廷云主编. — 长春 ： 吉林科学
技术出版社，2022.6
　ISBN 978-7-5578-7957-0

　Ⅰ. ①我… Ⅱ. ①匡… Ⅲ. ①植物—儿童读物 Ⅳ.
①Q94-49

　中国版本图书馆CIP数据核字(2021)第015158号

身边生动的植物
SHENBIAN SHENGDONG DE ZHIWU

主　　编　匡廷云
绘　　者　［日］藤原智
出 版 人　宛　霞
责任编辑　赵渤婷
封面设计　长春美印图文设计有限公司
制　　版　长春美印图文设计有限公司
幅面尺寸　212 mm×227 mm
开　　本　20
字　　数　160千字
印　　张　8
印　　数　1-7 000册
版　　次　2022年6月第1版
印　　次　2022年6月第1次印刷

出　　版　吉林科学技术出版社
发　　行　吉林科学技术出版社
地　　址　长春市净月区福祉大路5788号
邮　　编　130118
发行部电话/传真　0431-81629529　81629530　81629531
　　　　　　　　　81629532　81629533　81629534
储运部电话　0431-86059116
编辑部电话　0431-81629518
印　　刷　长春新华印刷集团有限公司

书　　号　ISBN 978-7-5578-7957-0
定　　价　59.90元